我最喜爱的第一本百科全书

生活常识一点通

周　周◎编著

图书在版编目（CIP）数据

生活常识一点通 / 周周编著. -- 北京 ：北京联合出版公司，2014.8（2022.1重印）
（我最喜爱的第一本百科全书）
ISBN 978-7-5502-3446-8

Ⅰ. ①生… Ⅱ. ①周… Ⅲ. ①生活－知识－少儿读物 Ⅳ. ①TS976.3-49

中国版本图书馆CIP数据核字（2014）第190060号

生活常识一点通

编　　著：周　　周
选题策划：大地书苑
责任编辑：徐 秀 琴
封面设计：尚世视觉

北京联合出版公司出版
（北京市西城区德外大街83号楼9层　　100088）
北京一鑫印务有限责任公司印刷　新华书店经销
字数233千字　710毫米×1000毫米　1/16　14印张
2019 年 4 月第 1 版　2022年1月第 3 次印刷
ISBN 978-7-5502-3446-8
定价：59.80 元

本书若有质量问题，请与本公司图书销售中心联系调换。
电话：010-64243832

序言

给小朋友的话

小朋友，你每天背着沉甸甸的书包，做着数不清的作业，是不是有时候会觉得辛苦、疲惫呢？可能有时候你也会这样想：如果获得知识也能像玩耍那样快乐该有多好啊！

本套丛书正是为你所设计的。从一个个简单、有趣的故事中，从一幅幅漂亮、好玩的插图上，使你在学习时能拥有一个轻松、舒适的氛围，并从书中探知你从前所不知道的世界，获得更多有用的知识。

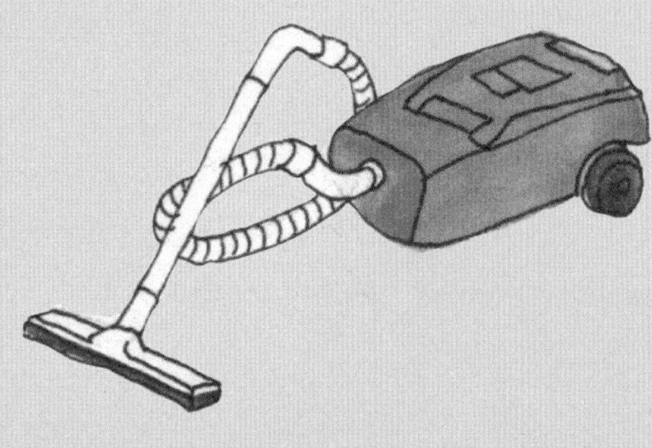

给家长的话

您的孩子现在正处于少年儿童时期，他们天真活泼、富于幻想，有很强的好奇心和求知欲，对身边的新鲜事物总是想要探究一下，“为什么”也就成了他们挂在嘴边的言语之一。这个时候，我们家长千万不能不理睬、不回应他们的好奇心，也不要随便找一本《百科全书》就扔给他们。作为孩子的启蒙教育者，我们更应该精心挑选一些适合他们这个年龄段阅读的生动有趣的知识性图书，并且要积极地引导他们在阅读过程中多加思考。这样不仅能够使他们真正获得丰富有用的知识，而且还能够培养他们主动思考的好习惯，从而开阔孩子的视野，并有益于他们未来的人生道路。

如今这个时代，人们极力呼吁素质教育和能力教育。从孩子的成长过程来看，能力最初来源于知识的不断积累和对思维方式的创新与开发。从无数的例子中可以发现，孩子最初并不常对某些事情发表看法，最主要的原因是他们对这些事情一无所知。然而，一旦他们非常了解一件事情，即使是最内向的孩子，也会想要将自己获得的知识告诉别人，此时如果得到鼓励，他将会更加积极地探究、思考更多的事情。长此以往，孩子的头脑中关于思考、创新的部分将得到很大的锻炼和提高，最终一定有利于他们未来的人生道路。

为此，我们特意编写了这套蕴含着丰富知识的系列丛书，在兼具科学性和趣味性的同时，结合当今时代的特征和少年儿童的特点，将最新的科学、人文知识介绍给广大的小读者们。这不仅可以帮助他们认识世界、了解世界，而且也是对课本内容的补充和深化，有助于提高孩子们的综合素质和个人能力。

目录

福田欧豹1254

1　为什么电子表不用上弦？

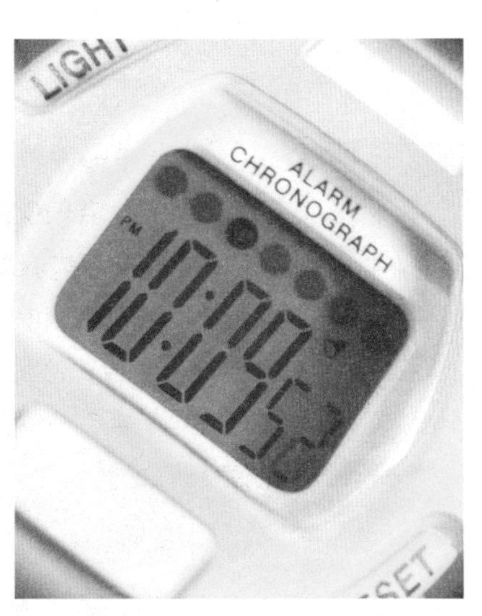

老式的机械手表能够运转的动力装置是发条。发条是螺旋状的弹簧，而速度控制装置采用微摆，因为微摆摆动的周期是恒定的，所以用齿轮控制表的转动和速度的变化。

随着科技的进步，电子表应运而生。电子表的最大特点是使用方便，不用上“弦”。那么，为什么电子表不用上弦呢？因为在电子表的内部装上了电池，利用电能电子表可以正常地运转。如果电池没电了，换上一节新的，它就又可以工作了。

那么，什么时候应该更换电池呢？指针式电子表，正常的秒针是一秒跳一次，当秒针两秒跳一次时，说明电池即将耗完，应该及时更换新电池或充电了；数字式电子表，当所显示的数字明显发暗、闪烁、功能反常或开照明灯时其数字消失，说明电池即将用完，应该换新的了。如果电池没电了，但是一时又配不上合适的电池，也要把旧电池取出为妙，以免时间久了腐蚀机芯。

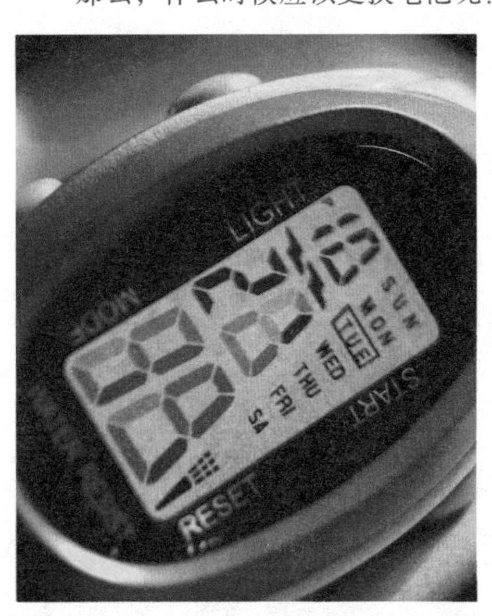

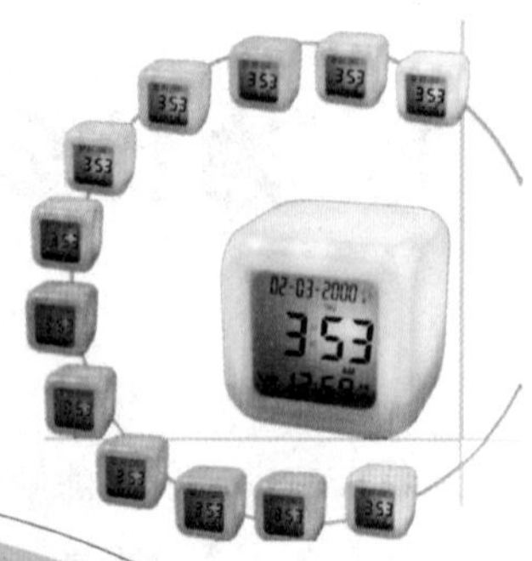

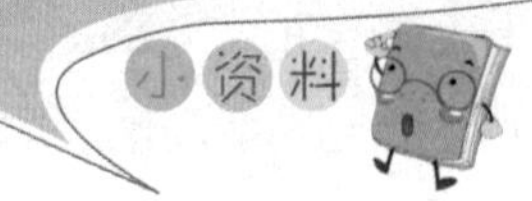

中国钟表的近代史

1949年以前，我国仅在山东烟台有一些小型钟的制造业，根本就没有手表制造业。20世纪五六十年代，中国全部生产机械手表、机械钟。20世纪70年代，初电子钟表开始冲击着传统的机械钟表领域。到了20世纪90年代，已是电子钟表一统钟表市场了，机械表失去了原来的地位。

1. 电子表不用上弦是因为内部装上了（　）。

A 电池　B 电机　C 石墨

2. 解放前，我国仅在山东（　）有一些小型钟的制造业。

A 青岛　B 济南　C 烟台

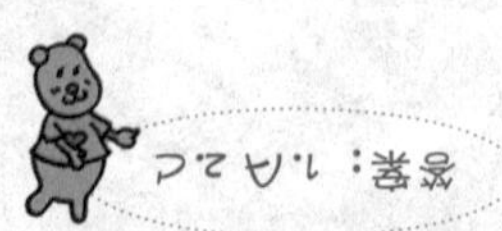

2 为什么手表多戴在左手腕上?

其实这是一个习惯问题，经过调查发现，大多数人都习惯把表戴在左手腕上。以前人们大多使用的是机械表，机械表的制造商发现，为了方便上发条和校对时间，人们普遍将手表戴在左手腕外侧，如人们走路和站立时，手表处于“柄下”位置；伏案工作时，手表处于“面上”或“6上”位置；回家或睡眠时，多数人将手表脱下平放，手表处于“面上”位置。乘坐公共汽车的时候，手拉车杠，手表处于“柄上”位置，这种位置往往时间很短，不是常用位置。“面下”和“6下”的位置则更少出现。所以，手表制造商就把“面上”、“柄下”、“6上”三个位置作为常用位置进行设计，然后调试、校验保证出厂精度。

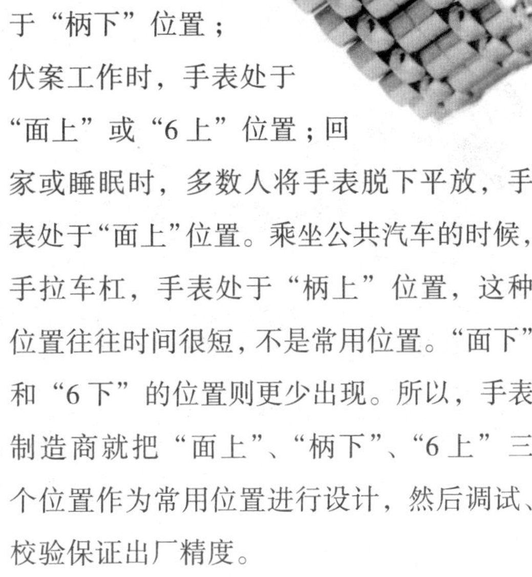

通过阅读上面的知识，你知道为什么要把手表戴在左手腕上了吗?

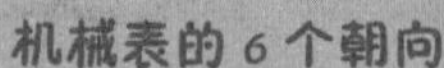

机械表的6个朝向

机械手表的位置朝向共有6个，面上（表盘朝上）、面下（表盘向下）、柄上（上发条头朝上）、柄下（上发条头朝下）、6上（表盘上6字向上）和6下（表盘上6字向下）。当手表处于不同的位置时，手表的振幅、周期和频率会发生微小变化。所以，手表制造商在制造手表时会考虑多位置的因素。

1. 经过调查发现，大多人都习惯把手表戴在（　）上。

A 左腕　B 右腕　C 脖子

2. 机械表共有（　）个朝向。

A 1　B 2　C 6

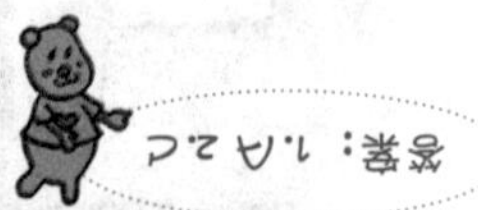

3 为什么太阳能热水器能使冷水变热？

来自太阳的能量是无穷无尽的，我们要把太阳强大的热量利用起来，为人类做贡献。于是人们就发明了太阳能热水器。太阳能热水器的原理是根据颜色越深的东西越容易吸收热量的特性，通过表面的吸热层吸收太阳强大的热量，然后加热，冷水就变成热水了。太阳能热水器中的集热器主要负责接受太阳的能量并转换为热能，现在普遍使用的是全玻璃的真空集热管。

使用太阳能热水器有很多优点。太阳能热水器一般放置在楼顶或房顶上，利用阳光来加热，特别安全，不会造成危险，是绿色的环保产品。这样，你就可以免费享受太阳提供的热水，既节约能源又省钱。

在生活中，我们可以自己制作简易的太阳能热水器。先找一个废弃的汽油桶，把汽油桶的外面刷满沥青，然后封闭汽油桶，往里面注水。经过太阳一天的暴晒，到晚上时你会发现油桶里面的水是热的。你不妨也动手试试看啊！

风可以为人所用吗？

冬天的风吹得脸像刀割一样疼，你可知道，风其实也可以为人所用。在新疆，人们建造了风力发电机组，可以把呼呼的大风有效地收集利用起来发电，大大节约了成本，减少了人们对煤炭及燃油的依赖。

1. 太阳能热水器可以使冷水变（　　）。

A 热　B 冷　C 没变化

2. 风其实也可以有效利用起来（　　）。

A 取暖　B 发电　C 治病

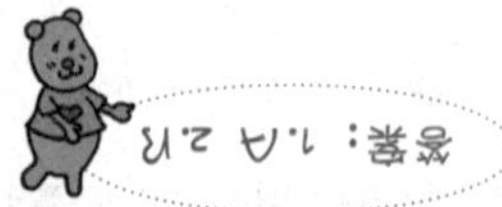

4 塑料杯子为什么不易摔碎，玻璃杯子为什么怕碰？

在日常生活中，我们知道，玻璃杯子容易碎，而塑料杯子则不怕摔。为什么呢？我们还是从玻璃和塑料的构成成分来说吧！玻璃杯是用石英砂制造的，虽然外表光滑美观，但它有个致命的弱点——脆，玻璃很脆，一摔就碎。塑料是一种石油化工产品，以合成或天然的高分子化合物为主要成分。它有个特别优秀的特点——韧性强。现在生活中出现的太空杯，就是用聚乙烯塑料制成的，随便你怎么摔就是不碎。对于外出旅行，塑料制品是最好的选择，不会因为破碎而伤到自己。

我们的日常生活中出现了越来越多的塑料制品，由

于它的韧性很好，不容易损坏，重量轻，不仅防水耐用，而且成本低廉，为我们的生活带来了更多的方便。所以，自从塑料问世以来，便被广泛地用于工业、农业以及生活中，深受人们的欢迎。

你能鉴别出哪种塑料袋是没毒的吗？

检测塑料袋有没有毒的方法有四种：一是将塑料袋放入水中，可浮出水面的是无毒的；二是手触摸塑料袋，有润滑感觉的是没有毒的；三是用手抓住塑料袋的一端，用力甩一下，如果无毒会发出清脆声；四是把塑料袋剪去一条边，用火烧，无毒的遇火容易燃烧。出现与上面四点相反现象的就是有毒的塑料袋。

1. 太空杯是用（　）塑料制成的杯子。

A 聚乙烯　B 聚丙烯　C 苯

2. 把塑料袋放在水中，漂浮在水面上的是(　)的。

A 无毒　B 有毒　C 不清楚

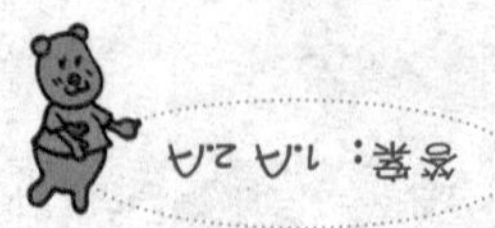

5 灯泡怎么变黑了？

电灯泡是美国科学家爱迪生的一项伟大发明，这个发明给人类带来了光明。如果你发现灯泡变黑，说明这个灯泡该换了。

我们买来的新灯泡是透明的，可以清楚地看到里面的钨丝。最初的灯泡里装的是碳丝，经过多次实验，最后选用了钨丝。钨是最难熔的金属，熔点高达3410℃。纯钨是银白色的金属，只有粉末状或细丝状的钨才是灰色或黑色的。灯泡在制作的时候要先抽净里面的空气，放进去少量的氮气和氩气，依靠钨丝就能正常发光了。钨丝在通电加热的时候，表面的温度可达到2000℃，这样的高温会使钨变成蒸汽凝结在灯泡壁上。电灯泡用久了会发黑，便是由于灯泡内壁有一层钨的粉末，从外面看，灯泡变黑了。灯泡越黑，说明钨丝蒸发得越

多，钨丝越来越细，灯泡的寿命就不长了。

灯泡能引起火灾吗？

我们可以告诉你，灯泡能引起火灾，上文中我们已经说到，钨丝通电加热的时候，表面的温度可达2000℃。生活中常用的60W的灯泡表面温度在137℃到180℃之间。尽管这些温度不是特别高，但如果产生的热量不能及时散发掉，越积越多，最终也可能引起火灾。

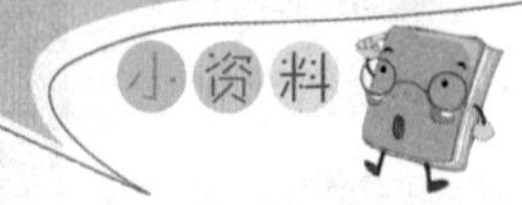

1. 钨丝在加热的时候，表面温度可达（　）℃。

A 180　B 2000　C 200

2. 灯泡的热量若不能及时散发出去，将会（　）。

A 爆炸　B 无反应　C 发生火灾

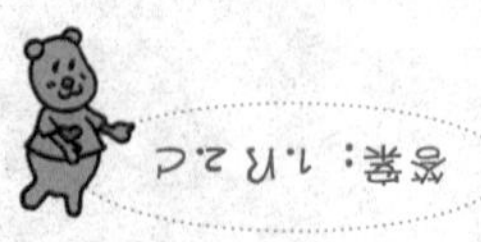

6 为什么肉用盐腌过不易变质？

自从人类打猎食肉开始，就开始想方设法让肉能够储存的时间长一些。后来，人类发现盐的渗透吸水作用可以杀死肉类中的细菌，于是发明了咸肉腌制法。用这种方法不仅可以使肉保存得时间更长久，而且还能使肉的味道更加鲜美。

你知道吗？细菌与肉类接触会产生一种表面电荷，并形成一定的电场。如果在肉里加上盐，食盐就会干扰和削弱肉类和细菌间的电场引力，从而防止细菌粘附到肉上。

另外，当细菌接触到肉类或其他食物时，会很快地繁殖，并连接在一起以防脱落。如果在食物表面撒上盐，就会阻断细菌间的联系，使细菌不能相连成片，也不能更快地繁殖和代谢，从而达到防腐的目的。

盐还是人们生活中用得最多的调味品，可用于

烹饪各种菜肴。它也是人体生理活动中不可缺少的营养物质，具有营养保健的作用，可以清火、凉血、解毒、增进食欲等。

盐的种类

食盐只是盐类的一种，盐的种类有很多种，如熟石膏、火药、颜料、肥料等都是不同类型的盐。河水将泥土中的盐溶化并带入大海，我们可以从大海中提取食盐来供我们食用。

考考你

1.（　）能通过渗透吸水作用而使肉类中的细菌失活。

A 碱　B 盐　C 糖

2. 细菌与肉类接触时会产生一种表面电荷，并形成（　）。

A 电场　B 电能　C 电流

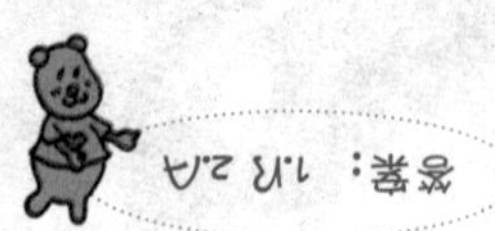

7　吸尘器为什么能吸尘？

吸尘器能够除尘，主要的工作原理是在吸尘器的内部有一个电动的抽风机，通电以后，抽风机以每秒500转的速度高速运转，产生极强的吸力和压力，使吸尘器内部形成瞬间真空。吸尘器内的气压大大低于外界的气压，在此气压差的作用下，被吸嘴搅打起来的污物和灰尘，随着气流进入吸尘桶内。灰尘等污物再经过过滤片的净化，将灰尘污垢滞留在集尘袋里，净化后的空气由机体的尾部排出。气体经过电机的时候被加热，所以机体尾部排出的气体是热的。

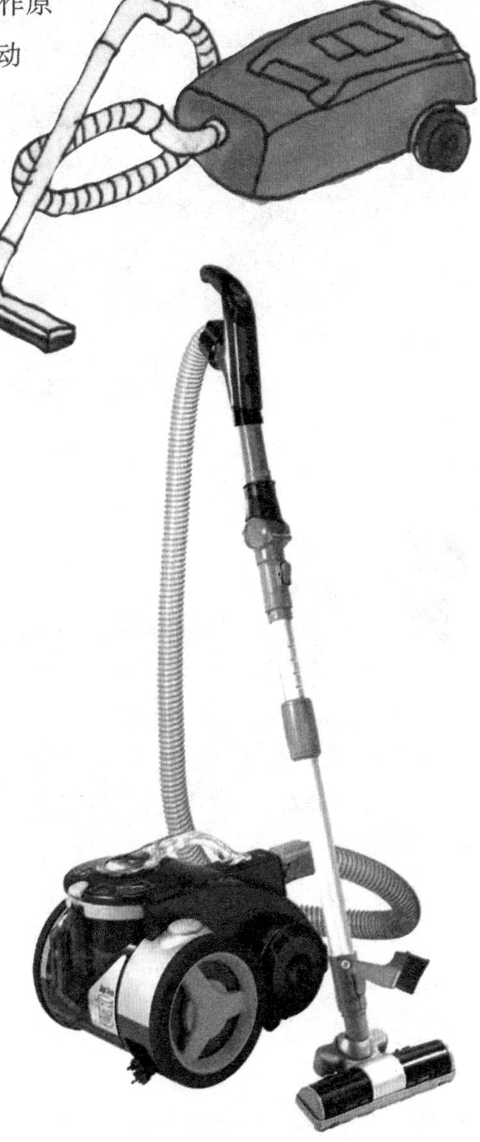

在使用吸尘器清扫地毯的时候，要按地毯面的顺毛方向移动吸取灰尘，以保持毯毛平整如初。吸尘器不可吸取液体或潮湿的东西和金属屑，以免降低吸尘器的吸引力；也不可吸取易燃易爆物品和温度过高的东西，以免

发生燃烧和爆炸。使用一段时间后，由于灰尘积聚在过滤片上会使吸力下降，因此应及时清洗。

在日常生活中使用吸尘器有什么好处？

首先，吸尘器不像扫帚那样一扫地就灰尘飞扬，它环保清洁，有利于呼吸道卫生。其次，吸尘器用途广泛，不仅可以清扫地面，还可以清扫地毯、墙壁以及用扫帚难以扫到的缝隙，甚至花卉和衣物上的灰尘也可吸干净。最重要的一点是吸尘器节省了人力，大大提高了工作效率。

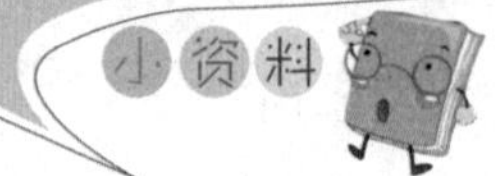

1. 吸尘器内部的电动抽风机以每秒（　）转的速度运转。

A 500　B 400　C 300

2. 吸尘器最重要的好处是节省了（　）。

A 电能　B 人力　C 水

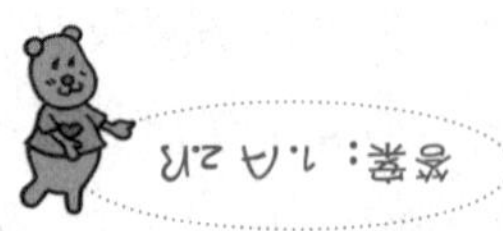

8 什么叫K金？

现在很多商场的首饰柜台里，带金的首饰标签上都标有K金的字样，这是什么意思呢？

“K”是外来语“Karat”的缩写，完整的表示法是Karatgold（即K黄金）。用“K”来计算黄金的方法源自地中海的一种角豆树。这种树所结的豆仁大小完全一样，所以古时候，把它作为测量重量的单位，后来逐渐演变成用它来测量珍贵、细微的物品。

所谓的K金是黄金与其他金属熔合而成的合金，其他金属包括铜、银等。按照国际的标准，K金分为24种，即1K到24K，24K为纯金。目前，世界上采用制作首饰的材料一般不低于8K。通常我们见到最多的是24K金、18K金、14K金等。18K金、14K金是使用最多的，它在各国首饰业中

都是主要首饰原料。18K 表示黄金占 18 成，其他金属占 6 成；14K 表示黄金占 14 成，其他金属占 10 成，其他依次类推。

黄金的发现

大约在 5000 多年前，即公元前 3000 年，在四大文明古国埃及的首都开罗，著名的旅行家里希尔发现了黄金，里希尔说这是神赐予人类的宝物。人们注意到沙子中混着一些金沙，于是发明了“披沙淘金”的方法。后来又发现了平地掘井开采黄金的方法，使得黄金的产量更大了。

1.K 金分为（　）种。

A 24 种　B 18 种　C 14 种

2.K 金是用黄金和其他金属熔合而成，其他金属包括铜、（　）等。

A 铁　B 铝　C 银

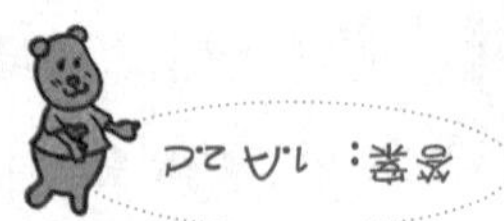

9 怎样擦镜子？

镜子是我们日常生活中不可缺少的东西，每天早上起床之后，刷牙、洗脸、穿衣服都离不开镜子。因为镜子具有反射光的作用，所以镜子能够照出人的模样。但是，如果镜子脏了，该怎么把它擦干净呢？

好多人在擦镜子的时候感觉怎么擦也擦不干净，那是因为没有掌握正确的方法。正确的方法是：将一团棉布或者软纸用酒精润湿，先将镜子粗略地擦一遍，然后再用干布或者用一块干净的棉布蘸上粉笔末擦镜子，镜子立刻会变得干净明亮。

为什么酒精能把镜子擦得干干净净呢？原来镜子沾上了油污，再吸附一些尘土会变得很脏，因此不容易擦掉。而酒精有溶解

油污的作用，再加上粉笔末的摩擦作用，很轻易就能把镜子污物去掉。

镜子除了用来梳妆，还有其他的用途。古时候，人们曾经利用镜子的反光作用，发现敌人，躲避灾祸。

镜子的历史

古时候，人们用的镜子是用银或者铜锡合金制成的。中国古代的皇室和贵族大都使用一些做工精细的铜镜。但是金属的镜子在空气里很快就会变得晦暗。现在我们使用的镜子是在玻璃的后面涂上一层水银，再加上一层保护漆，这样的镜子既实用又方便。

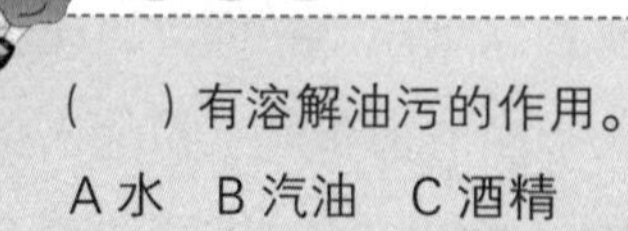

（　）有溶解油污的作用。

A 水　B 汽油　C 酒精

答案：B

10 磁卡电话为什么能自动收费？

磁卡电话是计算机技术和电话技术结合的高科技产物，是用磁卡控制通话并付费的公用电话。

磁卡电话机可用以拨打市内电话、国内或国际长途直拨电话，并能够自动结账为用户提供全天候服务。它由送受话器、磁卡单元、印刷电路板、电源设备以及牢固的外壳组成。在微处理器的控制下，磁卡单元完成如卡片的传送、退出等功能。卡片在插入磁卡话机插入口以后，即被传送到磁记录再生系统，由磁头做数据的读取及写入；在通话完毕后，再将磁卡退出。

电话磁卡有通话和收费两项功能，其大小是如同一张名片一样的卡片。卡上有 2 个或 3 个磁轨，用于记录信息。当用户

把磁卡推入磁卡电话机上的磁卡口时，屏幕上立即显示出该磁卡中的金额，并提示拨号语音，用户就可以拨号通话了。

消磁现象

磁卡中的信息以磁力信号的强弱改变的形式保存在磁条中，当受到电磁波的干扰时，磁力信号就会遭到破坏，于是就产生了消磁现象。消磁之后的磁卡则不能正常工作了，卡中的磁性信息即遭到破坏。

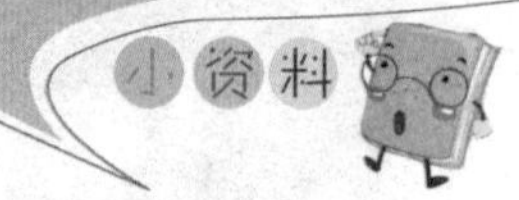

1. 磁卡电话是（　　）技术和电话技术的高科技产物。

A 电磁　B 计算机　C 电话

2. 电话磁卡有通话和（　　）功能。

A 收费　B 计时　C 连接

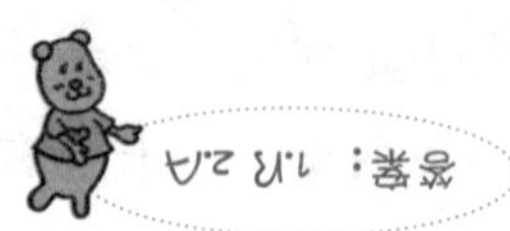

11　数码相机为什么不用胶卷？

传统相机使用胶卷作为其记录信息的载体，而数码相机是用电子式的感光器件代替胶卷记录信息。现在感光器有两种（CCD 和 CMOS），其中一种主要使用的是一种特殊的半导体材料，这类特殊的半导体叫做电荷耦合器，简称 CCD。它能把景物反射的光线转变成电荷，通过模数转换器芯片转换成数字信号，数字信号经过压缩以后由相机内部的闪速存储器或内置硬盘卡保存，因此不用胶卷。

相机里有存储卡，照好后直接存储在相机里，由于景物在数码相机里已经变成数字化信息，所以能轻而易举地把数据传输给计算机，并借助于计算

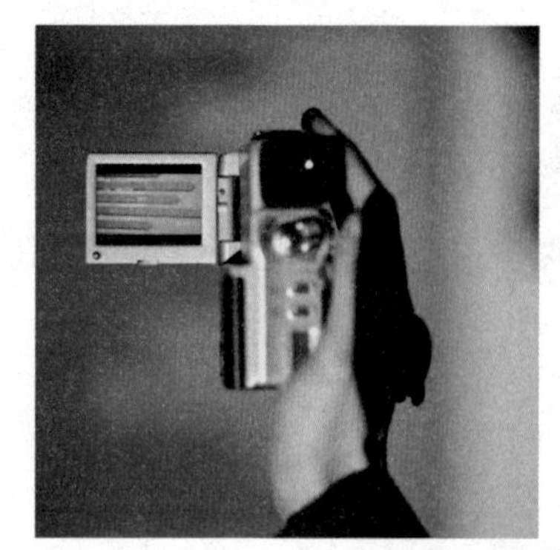

机的处理手段，根据需要和想象来修改图像，也可以用激光或喷墨打印机打印出来。数码相机给人们的生活带来了方便，所以越来越受到大家的欢迎。

胶卷的冲洗

冲洗胶卷的方式一般分为罐冲和盆冲两种。冲洗胶卷时使用冲洗盆，最为灵活、方便和快捷，是最简便的冲洗工具。在盆中冲洗大致要经过这样几个程序：水浴、显影、停显、定影、水洗和晾干。但有时候在盆中冲洗，冲洗效果难以把握，所以现在一般不用这个方法。

1. 传统相机是用（　）来记录信息的。
A 胶卷　B 存储卡　C 磁带
2. 数码相机用（　）的感光器代替胶卷。
A 电子式　B 光能式　C 太阳能式

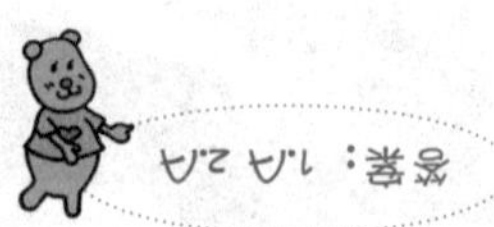

12　为什么冬天要用稻草把水管子包起来？

地球围绕太阳公转一周的过程中，南北半球接受太阳的照射及热量在不断发生变化，因此出现了天气的冷暖交替，所以，我们的地球才有了四季的变化。冬天阳光斜射在地球的表面，地球所吸收的热量少，温度降低，有时会降到 0℃以下。

水温降至 0℃的时候，会结成冰，几乎所有液体变成固

体的时候，体积都会膨胀 10% 左右。我们使用的水管子常年为我们提供日常生活用水，自来水管子里面充满了水，而冬天外面天气十分寒冷，水很容易被冻成冰，水变成冰就会膨胀，一膨胀水管就会被撑裂。为了保障居民在冬天的正常生活，所以要用稻草把水管子包得严严实实，让水管与外面寒冷的天气隔绝，即使是温度降到了 0℃以下，水管里的水依然能够自由流淌。

北方人在冬天为什么要把萝卜埋在地下？

一进入冬季，北方的好多人都会把萝卜储藏起来，通常的做法是挖一个坑，把萝卜摆放进去，然后上面铺上干草，干草上面再用土盖好。等到吃的时候，从萝卜坑里把萝卜挖出来几根，萝卜依然新鲜。这种做法与用稻草把水管子包起来是一个道理，都是为了防冻。

1. 冬天用稻草把水管包起来是为了防止水管（　）。

A 冻裂　B 折断　C 缩短

2. 把萝卜储藏在坑里是为了保证萝卜（　）。

A 新鲜　B 不污染　C 不清楚

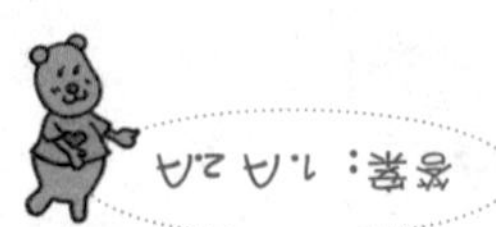

13　为什么暖气片都安装在窗户附近？

暖气片安装在什么地方最合适呢？如果你仔细观察就会发现，暖气片都安装在窗户附近。为什么这样做呢？我们知道，冬天天气十分寒冷，冷空气无孔不入，见缝就钻，即使我们把窗户关得十分严实，冷空气还是一个劲地从窗户往屋里钻，由于暖气片安装在窗户附近，冷空气只要进入房间，暖气片马上就把它加热了，使冷空气成为暖和的热空气，起到了防冷的作用。这样热空气不断地在房间里流动，不一会儿，房间里就变得十分温暖。

另外，由于暖气片接近地面，能使室内的全部空气发生对流，由此

保持了室温的均衡。其实，在日常生活中人们不仅选择适当的位置安装暖气片，更好地让空气对流，这个问题在很多地方都必须考虑，比如锅灶上的烟囱、仓库的天窗等，究竟安在哪里好，都是很有讲究的。如果你有兴趣可以仔细观察一番，想想它的道理。

怎样预防空调病？

如今空调已成为家庭中必备的家用电器，炎热的夏天、寒冷的冬季，都会听到空调呼呼运转的声音。空调虽然给人们的生活带来许多便利，但长期处于空调房中，也容易使人患上空调病。空调病症状一般表现为下肢酸痛无力、头痛头昏、疲劳失眠、血压升高、心跳加快、关节炎、咽喉炎等。为了防止空调病，专家提醒家用空调不要24小时连续开机，不要全天候关闭窗户，地毯、床单、沙发罩要经常清洗，室温宜恒定在24℃左右，室内外温差不可超过7℃。

考考你

1. 把暖气片安装在窗户附近是为了迅速把（ ）。

A 冷空气转化为热空气

B 热空气转化为冷空气

C 冷空气转化为冷空气

2. 装有空调的家庭应预防（ ）。

A 高血压 B 空调病 C 感冒

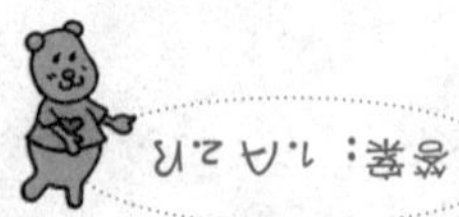

14 为什么冬季玻璃杯会“炸”？

有经验的朋友都知道，在冬天我们用玻璃杯喝水的时候，通常要先往玻璃杯里面倒一点热水，轻轻地摇一摇，使整个杯子都热起来后，再往里倒热水。如果不是这样，一下子把热水倒进玻璃杯中，玻璃杯很容易发生“炸裂”。原来，冬季气温很低，玻璃杯的温度也很低，一下子把滚烫的开水倒进杯子里，玻璃杯就会受热膨胀，先和开水接触的地方发生膨胀，而杯子里没有和开水接触的地方又没有膨胀。这样，玻璃杯就碎了。

另外，假如你留意的话，厚玻璃杯比薄玻璃杯更易炸破，这是为什么呢？这是由于厚玻璃杯的内外受热不均匀以及膨胀造成的。当把开水冲到杯子里时，杯子的内层先受热，马上就

膨胀了，但它的外层还是冷的，且没有膨胀，这样里面的玻璃就会拼命向外挤，玻璃杯就会被挤破。薄的玻璃杯，由于它的内层与外层同时受热，达到同样的膨胀，所以就不易炸破。

什么是金刚石？

钻石的矿物名称叫金刚石，人们一般称经过琢磨的金刚石为钻石。金刚石的化学成分是纯碳，硬度为10，是自然界中最坚硬的石头。所以人们用金刚石制成了玻璃刀，在玻璃上轻轻一划，玻璃就破开了。

1. 冬天玻璃杯会炸是因为首先和开水接触的地方温度变（　）造成的。

A 高　B 低　C 一样

2. 金刚石能划开玻璃取决于金刚石的（　）。

A 强度　B 硬度　C 韧性

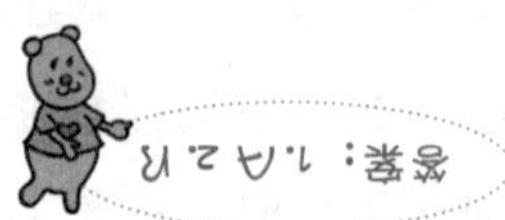

15 灭火器为什么能把火扑灭?

我们生活中常见的灭火器有三种：干粉灭火器、二氧化碳灭火器和1211灭火器，它们在灭火的功能上担任不同的角色，用于扑灭由不同的物质所引起的火灾。

我们使用最多的是干粉灭火器，它适用于扑救由石油及其产品、可燃气体、电器设备等所引起的初起火灾。干粉灭火器是一个红色小钢瓶，里面装着好多化学粉末，在灭火的时候，先把灭火器的保险打开，然后提起拉环，把皮管子对准火堆，喷出来的粉剂就可以把火扑灭。除了干粉灭火器外，还有二氧化碳灭火器，它适用于扑救图书档案、珍贵设备等的初期火灾。1211灭火器是一种新型的压力式气体灭火器，适用于扑救油类、精密仪器、仪表等火灾。

因为灭火器内充

装的灭火剂剂量有限，喷射时间一般都较短，所以应该掌握正确的操作方法，这对于在最短时间内扑灭火灾是很重要的。如果是在室外扑救火情，一定要站在风刮来的方向。

二氧化碳

我们人体呼出的气体中就含有二氧化碳，它不能燃烧，所以在灭火的时候可以让火与氧气隔绝，达到迅速灭火的效果。

1. 生活中常见的灭火器包括（　）种。

A 二　B 三　C 四

2. 图书馆着火了，应该用（　）灭火器灭火。

A 干粉灭火器　B 二氧化碳灭火器

C 1211 灭火器

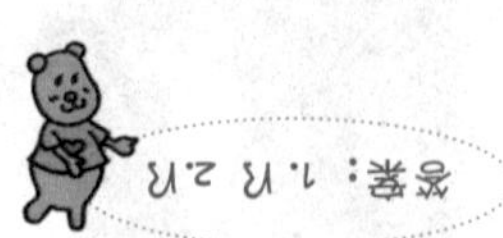

16 粉尘为什么会爆炸?

如果一块东西变成无数粉尘后，表面积大大增加了，表面与空气接触的机会也就增多了，这些分子的化学性质就会变得特别活泼。无数微小的粉尘表面积加在一起是非常大的，它们只要不多的能量，很少的空气，就可以充分燃烧。当无数的粉尘激烈燃烧时，周围的空气就会剧烈膨胀，就像是一触即发的炸药一样，因此容易引起爆炸。

如果空气中混有面粉粉尘、煤粉粉尘、锯末粉尘等，都容易发生粉尘爆炸。几年前，我国北方哈尔滨市亚麻纺织厂就发生了一次亚麻粉尘爆炸，造成多人伤亡，经济损失惨重。

冬天和春天气候比较干燥，是火灾多发的季节，为了预防粉尘爆炸，应该做好以下措施：

第一，安装通风设备，做好清扫工作。

第二，控制火源，在工作现场严禁烟火。

第三，降低室内的温度以减少房间里的氧气量，因为粉尘与氧气达到一定的比例后，容易引起火灾。

火药的历史

火药是中国古代的四大发明之一，它是由古代炼丹的人在炼丹时无意中配制出来的。在唐朝末年，火药已被用于军事，人们利用火药制作成许多爆炸性很强的武器，用来击退前来进攻的敌人。

在煤矿应该绝对禁止（　　），防止煤粉粉尘爆炸。

A 大声喧哗　B 剧烈运动　C 烟火

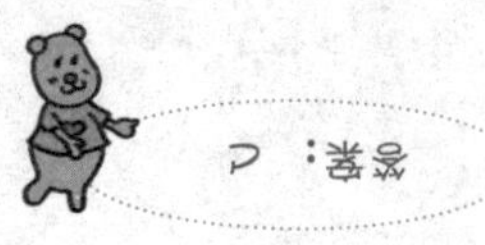

17 为什么夏天会下冰雹？

我们知道，夏天是一年四季中最热的季节，太阳的暴晒使得低空的大气迅速升温，温度上升，热空气就开始往上运动。而在高空中的冷空气则不断地往下沉，这时，高空的冷空气和低空的热空气就相遇了，热空气中的水汽和水珠在上升的过程中遇到了冷空气中的小雪花和小水珠，它们不断地聚在一起，形成了小冰球。这些小冰球不断变大，一直到热空气再也支持不住时，就降落下来，变成了冰雹。

如果我们解剖一个冰雹，可以发现它的最里面是一颗白色不透明的雪珠构成的雹心，外面是一层透明、一层不透明交替包裹的冰层。冰雹在云里随着

气流上下往返旅行，当它进入温度高的地方时，就在外面形成一层水膜。进入到0℃以下的地方又结成一层冰壳。冰雹一次又一次在云里上上下下，所以形成了一层透明、一层不透明的冰层。

对流

不管是气体还是液体，很多时候，它们的温度是不均匀的，所以就要通过流动来达到温度的平衡，对流是传递热的主要方式。

考考你

1. 夏天经过太阳的暴晒，低空大气开始迅速（　　）。

A 降温　B 升温　C 无变化

2. 热空气中的水汽和水珠在上升的过程中遇到了冷空气中的（　　），它们不断地聚在一起，最后形成冰雹。

A 水汽和水珠　B 雾气和雨水　C 小雪花和小水珠

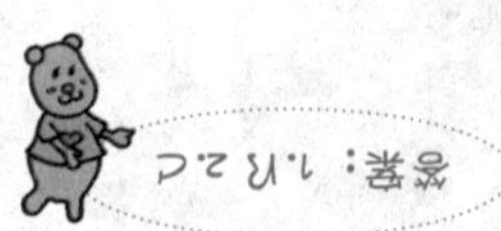

18　为什么短跑运动员穿上钉子鞋跑得就快？

短跑运动员穿上钉子鞋参加比赛，最重要的目的就是为了提高速度，使自己跑得更快些。为什么穿上钉子鞋就能提高速度呢？我们知道，穿普通的运动鞋在跑道上跑步的时候，很容易打滑，蹬地的力量比较小。如果穿上钉子鞋，首先在跑步的时候不会打滑，因为钉子在跑动的时候能够扎进跑道；其次是在跑步的过程中，钉子很容易从跑道上拔出来，增加了蹬地的力量和加强了前进的冲力。这样，跑一步前冲一步，速度明显提高。因而在比赛中短跑运动员都选择穿钉子鞋

参加比赛。

当然，在运动的时候一定要根据场地选择合适的鞋子，如果场地有些硬就不适合穿钉子鞋，穿平时的运动鞋就可以了。重要的是选择一双合脚的鞋子，让自己运动时感觉舒适些。

英国最古老的鞋子

考古学家在英格兰西南部的一个采石场中挖掘出一只鞋，据考证，距今约有2000年（铁器时代早期），是英国目前发现的最古老的鞋子。这只鞋长约30厘米，其主人显然是一名男性。考古学家们称，这只鞋的鞋带眼和针线孔都清晰可辨。

1. 短跑运动员穿上钉子鞋比穿上普通鞋跑得（ ）。

A 快　B 慢　C 一样

2. 穿上钉子鞋跑步增加了蹬地的力量和加强了前进的（ ）。

A 冲力　B 摩擦力　C 阻力

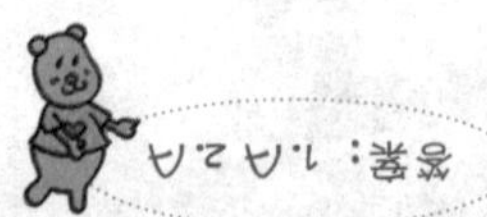

19　为什么筷子插进水里好像是弯折了？

在日常生活中，我们经常可以看到插进水中的筷子好像是弯折了一样，可是拿出来以后发现筷子完好如初。为什么会这样呢？这是因为空气和水反射光的速度不一样，水的密度比空气大，光在水中的传播速度比空气中的速度慢。光线照射筷子时，使筷子露在空气中的部分和在水中的部分反射回我们眼睛的光线，发生了一个相应角度的改变，看起来就好像弯折了一样。这种光从一种介质射入另一种介质时，传播方向发生改变的现象叫做光的折射。

日常生活中存在许多光的折射现象。为什么夜晚的星星看起来闪烁不定呢？那是由于大气的折射率因天气和高度等因素不断发生变化的原因。渔民在叉鱼的时候，为了能够叉到鱼，总是让鱼叉对准鱼的下方，因为你看到的鱼的位置比鱼本身的位置要高，所以往你看到的下方叉才能叉到鱼。

为什么会有海市蜃楼景观？

平静的海面、湖面、雪原、沙漠等地方，偶尔会在空中或“地下”出现高大的楼台、城郭、树木等幻景，称为海市蜃楼。海市蜃楼是光线在竖直方向密度不同的空气层中，经过折射造成的结果，常分为上现、下现和侧现海市蜃楼。

考考你

1. 筷子插进水里好像是折断了，这是因为空气和水（　）光的速度不一样造成的。

A 折射　B 反射　C 衍射

2. 海市蜃楼从科学的角度来说是因为远方地平线的楼宇等的光线经（　）产生的。

A 折射　B 反射　C 衍射

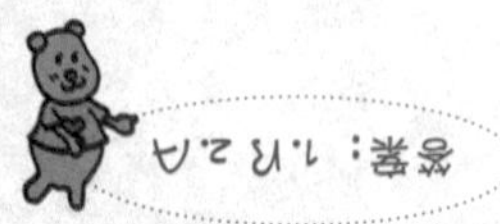

20　为什么环卫工人不能烧落叶？

我们经常看到大街上环卫工人不辞劳苦地把一堆堆落叶装进三轮车送到垃圾站。可能有些小朋友就觉得烧了不更省事，殊不知，落叶中含有多种化学成分，如果把落叶燃烧，会产生有毒气体，对我们的眼睛及呼吸系统造成危害。树叶本身能吸收和蓄积一些有害物质，同时还积存了很多灰尘。燃烧树叶的时候，树叶上有害的物质会随烟雾排入空气中，还会产生大量的一氧化碳和致癌物质，造成环境污染。

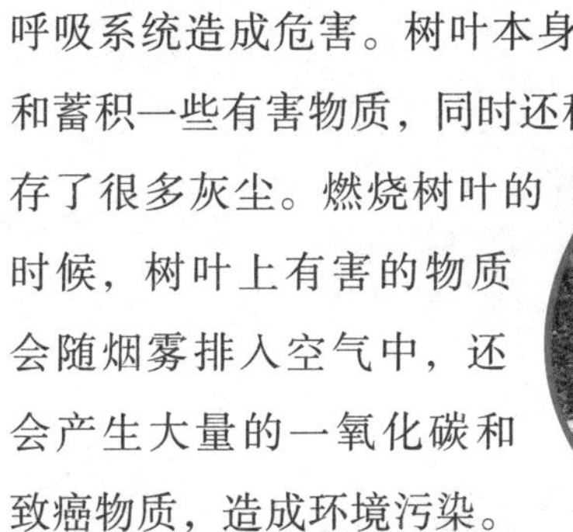

所以，不仅是环卫工人不能烧落叶，我们每一个人都不能烧落叶。应该由环卫工人统一清扫收集到指定的垃圾站点，然后按照规定的方法进行树叶的焚烧。

为什么不允许燃烧秸秆？

走在乡间的小路上，我们有时看到田地中浓烟滚滚，原来农民伯伯把收获之后的秸秆就地焚烧了，这样做是很不科学的。我们知道，秸秆中富含农作物需要的氮、磷、钾等化学元素，如果把秸秆烧了，不仅造成不必要的浪费，而且还会对环境造成污染。所以正确的做法是让秸秆作为庄稼的底肥重新利用。

1. 落叶中有一种化学成分在燃烧后会产生（　）气体，这种气体对我们眼睛有害。

A 有色　B 有味　C 有毒

2. 燃烧落叶还会（　）环境。

A 污染　B 美化　C 净化

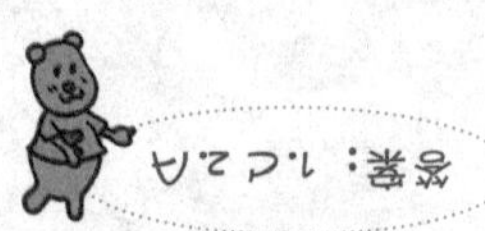

21 为什么刚接的自来水有许多气泡？

当我们用杯子接水的时候，刚接的水会产生许多气泡，这是怎么回事呢？

这要从自来水的源头说起，自来水厂在往千家万户送水的时候，会用强劲有力的机器把水压进管道，在把水压进管道的过程中，周围的一部分空气也被压了进去。当自来水流出水龙头之后，受到的压力减小，尤其在夏天的时候外界气温很高，水中的空气受热就会一点点钻出来，我们就会看到自来水杯里有许多气泡了。

众所周知，由于自然因素和人为因素，原水里含有各种各样的杂质。这些杂质可分为悬浮物、胶体、溶解物三大类。城市自来水厂净水处理的目的就是去除原水中这些会给人类健康和工业生产带来危害的悬浮物质、胶体物质、细菌及其他有害成分，使净化后的水能满足生活饮用及工业生产的需要。

中国的水资源

中国的河川径流总量居世界第6位，少于巴西、原苏联、加拿大、美国和印度尼西亚。中国是以地表水资源为主的国家，水资源总量的96%是地表水。根据调查，中国人均水资源只排在世界第109位。

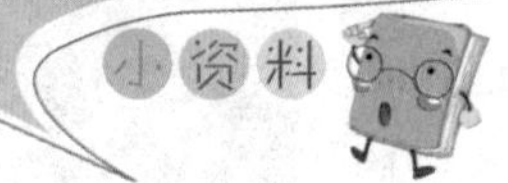

考考你

1. 自来水厂在往千家万户送水的时候，会用强有力的机器把水（　）管道。

A 放进　B 压进　C 抽出

2. 原水里面含有各种各样的杂质，从给水角度可分为悬浮物、胶体、（　）三类。

A 溶解物　B 凝固物　C 化合物

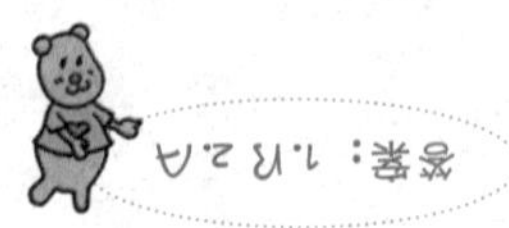

22 为什么瓶子里的水不能一下倒出来？

瓶子里的水不能一下子倒出来，这个道理很简单。我们知道，把水倒进瓶子里的时候，瓶子中的空气都被赶出来了。把瓶子倒过来，瓶子里的水受不到来自上面的空气压力，而在瓶子口外部又有大气压托着。在水向外流的时候，外部的空气就一点一点地往瓶子里钻，而水也只能一点一点地往外流，在流出来的时候，还会发出“嗵……嗵！”的声音。

从瓶子里往外面倒水，是受到了空气的压力作用，其实在我们的生活中，也存在许多的压力现象。比如，跳水的时候，运动员给跳水台一个压力，而跳水台又给运动员一个反作用力，使他弹跳起来；人喝水时，水流到口中，然后进入到人体内，就是由空气压力的影响促成的；狂风吹倒树木和房屋，也是风施加压力的结果。

生活中充满了无尽的奥秘等待你去发现，赶快行动吧！

玻璃的历史

玻璃的出现与使用，在人类的生活里已有四千多年的历史，从公元前二千多年的美索不达米亚和古埃及的遗迹里，都曾有小玻璃珠的出土。在中国，约从战国时代起，就已或多或少有玻璃的制造，一般来说，中国的玻璃技术深受西方的影响，但是成分含钡的铅玻璃，与西方不含铅或钡的钠玻璃是有所不同的。

考考你

瓶子里的水不能一下子倒出来是由于受到（ ）的影响。

A 空气压力　B 空气浮力　C 空气动力

答案：A

23 为什么摩擦过的塑料梳子能吸起小纸片？

用一把塑料梳子在头发或者带有毛皮的衣服上来回摩擦几次，然后把梳子放在一堆小纸片上面，这时我们会发现小纸片粘在梳子上

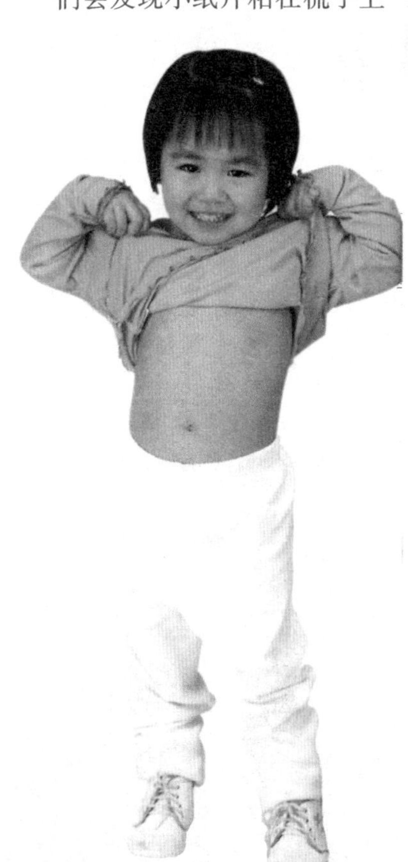

了。原来，梳子与毛皮摩擦过后就会带上我们看不见的电荷。晚上我们脱衣服时，能看到电火花。

两种不同的物体相互摩擦后，其中一个物体带正电，另一个物体带负电，这种现象叫做摩擦起电。摩擦起电是由于两个物体相互摩擦时，一个物体会失去电子，而另一个物体就得到了电子，电子带的是负电，因此，失去电子的物体带正电，得到电子的物体带负电。当轻小物体靠近带电体时，由于静电感应，轻小物体靠近带电的一端就会带上与带电体相反的电，在

异种电相互吸引的作用下，轻小的物体就会被吸起来了。

所以，当我们把塑料尺子摩擦后能够很容易吸起小的纸片，你明白其中的道理了吗？不妨来试一试！

什么是人体静电？

在干燥和多风的秋冬季，晚上脱衣服睡觉时，黑暗中常能听到噼啪的声响，而且伴有蓝光，这就是人体的静电。人体活动时，皮肤与衣服之间以及衣服与衣服之间互相摩擦，便会产生静电。所以，空气干燥的时候，容易受到静电干扰。

在干燥和多风的秋冬季，我们应避免（　　）的干扰。

A 大风　B 寒冷　C 静电

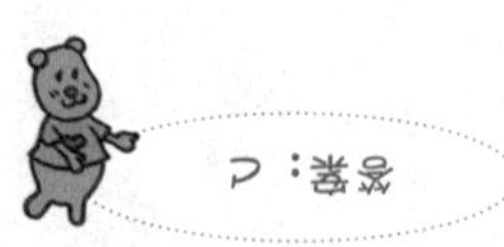

24 怎样用树叶制作书签？

想拥有一个自己亲手制作的漂亮书签吗？我们日常用的书签一般都是纸制的，其实用树叶制作书签既美观又实用，树叶的清新感觉会让你的心情更加美好。

简单的方法是把摘来的树叶夹进厚一点的书中，过段时间拿出来即可。但这不是正确的方法，正确制作书签的方法是想办法去掉叶脉以外的部分。怎么做呢？找一片完整的树叶，把它放在水里泡两天左右，目的是使叶片初步腐烂，然后用碱水煮。煮后平放在玻璃板上，切记不要放在桌子上，因为碱会与桌面上的油漆发生反应。然后找一个旧牙刷轻轻戳打，不能刷，否则会把叶脉弄断，同时还要用清水冲洗，最后露出完整

的叶脉即可。

如果你想使书签更加漂亮，还可以给 它涂上颜色。

好了，书签制作成了，你学会了吗？

中国书标

中国书标，简单地说是我国精品图书的标志，说得确切一些，它是精品图书封面、主题内页和插图经艺术微缩后，采用PVC卡制成的像电话卡大小的艺术欣赏品，是散发着翰墨书香的“图书名片”。

煮叶片的时候是用（　　）水煮。

A 盐　B 糖　C 碱

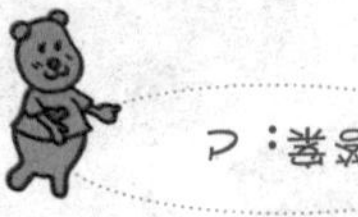

答案：C

25 纸放时间长了为什么会变黄？

我们知道，纸放时间长了就会变黄。纸是用木浆加工而成的，所以纸的成分是纤维素，在加工过程中，受工艺和材料的影响，制出来的纸的颜色并不是很白，有些加工企业在制造时会增加一些漂白工艺，那样出来的纸张要白得多。没有经过漂白的纸张遇到阳光和空气，便会发生轻微的化学变化，纸由白变成浅黄，最后变脆。经过漂白的纸张，质量相对好一点，对阳光和空气的抵抗力也会增强。

我们应该怎样保存纸张呢？纸张如果存放不合适，会受潮、变形，严重的会产生霉点。保存纸张的环境必须清洁干燥，通风良好，同时防止阳

光曝晒，否则纸的升温和水分大量蒸发会使白色纸张发脆、发黄，容易破裂。另外，纸张不能和潮湿的物品放在一起，否则容易吸潮变质。

用钢笔在作业本上写字为什么有时会洇？

纸是由纤维素组成的，有些纸纤维之间的缝隙宽些，有些窄些，纤维缝隙宽的纸一遇到墨水就拼命地吸，所以就会洇。纤维缝隙窄的就不一样了，缝隙小，吸墨水的能力差，因此也不容易洇。

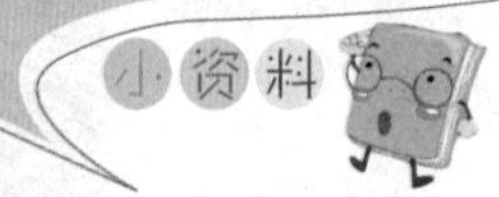

1. 纸是由（　）加工而成的。

A 木浆　B 葡萄糖　C 石灰

2. 纸的成分是（　）。

A 氨基酸　B 纤维素　C 树脂

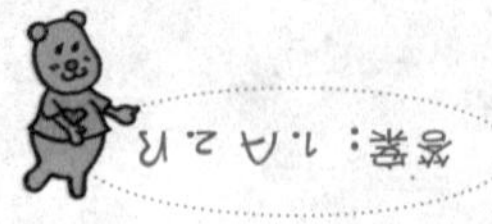

26 用洗衣粉洗头好吗?

用洗衣粉洗头不好!为什么呢?洗衣粉是一种人工制造的来自石化工业的洗涤用品,它以用量少、使用方便、去污力强深得人们的喜爱。用洗衣粉洗头,由于它的去污力强,会除掉保护头发的大部分油脂。用洗衣粉洗过头后,头发没有了油脂的保护,就会发黄、变脆,而且总是干巴巴的,没有光泽。

人的头发是一种有生命的纤维质,头发生长所需要的养分是靠人体通过发囊供给的,但头发的鳞片状表层就像树木的树叶一样,具有呼吸和吸收功能。人们应根据自己的发质选择合适的洗发用品,洗发用品使用得当,就有利于头发;反之就会损害头发,一般,好的洗发液容易在

发间打散，泡沫适中，过多过少均不好。洗后的头发蓬松，有光泽，易梳理，干得快。

新陈代谢

生物不断从外界取得生活所必需的物质，并使这些物质变成生物体本身的物质，同时将体内产生的废物排出体外，这种新事物代替旧事物的过程就是新陈代谢。

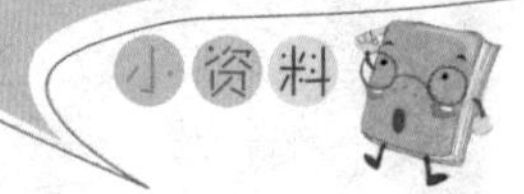

1. 用洗衣粉洗头容易破坏保护我们头发的（　）。

A 油脂　B 汗液　C 磷化脂

2. 人的头发是一种（　）的纤维质。

A 无生命　B 有生命

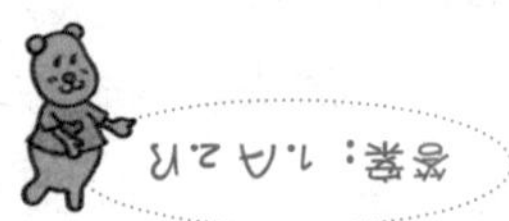

27 为什么刀钝了，磨磨就能快？

不知道你发现没有，针尖越尖，越容易把东西扎破。同样的道理，刀刃越薄，越容易切东西。刀用久了，刀刃就会变厚、变钝，用这样的刀切东西会比较费劲。把用钝了的刀放在磨刀石上磨一下，刀刃就会变得又薄又亮又平直。磨刀石利用的是切削原理，磨刀石的材料硬度要比钢铁的硬度大才能磨掉钢铁，磨刀石平整才能使刀磨出来好用，凡是符合磨刀石特性的东西都可以用来磨刀。而且磨刀的时候要加一些水，因为磨刀时刀与磨刀石的摩擦会使刀的温度升高，加点冷水起到降低温度的作用，否则会影响刀刃的硬度，刀就不再锋利了。

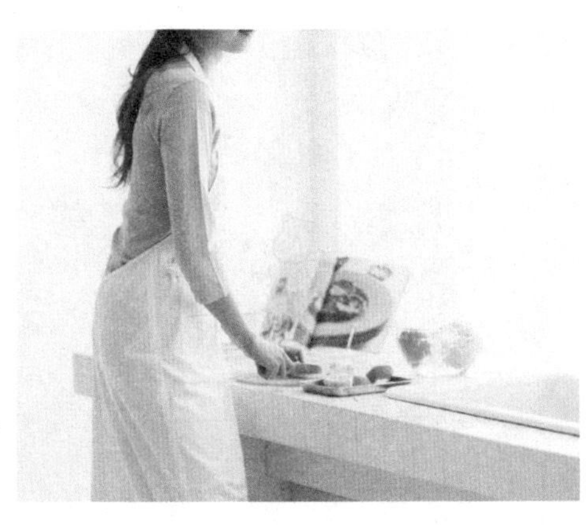

有这样一句俗语“磨刀不误砍柴工”，意思是说，如果砍刀很钝，大半天才能砍一点柴。但是，刀磨过之后，就会锋利无比，不一会儿就能把柴砍好。

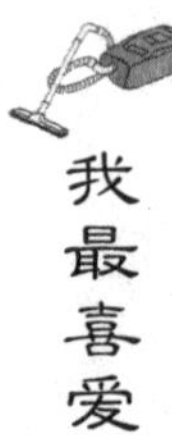

磨刀的正确方法

磨刀时右手握紧刀柄，左手手指轻稳地压住刀面，沿顺时针方向运动。磨刀石表面应保持湿润。刀面与磨刀石表面应保持稳定不变的角度。刀面回拽时左手手指不要加力，磨刀时逐渐减压会使刀刃变得精致锋利。另一面也应按顺时针方向来回磨。

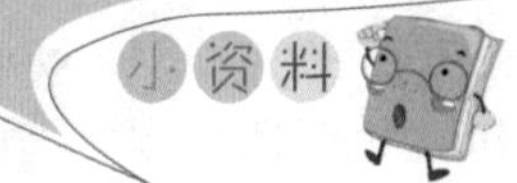

刀刃用时间久了，就会变得很（　　）。

A亮　B钝　C快

答案：B

28 为什么升旗时手里的绳子要向下拉？

当升旗手将五星红旗冉冉升起的时候，你会发现升旗时手里的绳子要向下拉，这是什么原因呢？

原来，在旗杆的顶上，安有一个焊死了的小圆环，升旗以前，人们将一根长绳子穿过圆环，让绳子的两头都落在地上。然后将旗子在绳子的一头拴好，这样，只要往下拉另一根绳子，旗子就会慢慢往上升了。

国旗象征着国家的尊严，激励我们树立爱国的信念。在学校里，每周都要举行升旗仪式，运动员在比赛中取得名次，也会升起国旗。我们国家也已经颁布了《国旗法》，升国旗的时候，凡是经过现场的人员都应该面对国旗，自觉肃立，等待仪式结束后，才能自由活动。不管我们再忙，再急，在国歌奏响的时候，都要给予国旗最高的礼遇。

五星红旗

我国的五星红旗是由上海的曾联松设计的。一颗大星星象征着领导革命和国家建设的中国共产党，四颗小星星象征着广大人民，包括当时的四个阶级：工人阶级、农民阶级、城市小资产阶级和民族资产阶级。曾联松把五角星设计为黄色，不仅与象征革命的红旗颜色相协调，也表达了中华儿女黄色人种的民族特征。

五星红旗是由上海的（　）设计的。

A 曾联松　B 梁思成　C 田汉

答案：A

29 为什么壶、杯子、碗都是圆的？

生活中我们使用的好多器具都是圆的，不管是壶、杯子、碗都是圆的，这是为什么呢？因为当长方形、正方形、圆形的周长一样时，圆的面积最大。因此，圆碗盛的水最多。曾经做过这样一个实验：用同样大小的材料制成圆、方两种形状的容器，圆的比方的容量大。我们可以做个小实验，找一片大小、厚薄相同的纸，分别做成一个圆柱体容器和正方体容器，把一碗绿豆放进圆柱体中正好装满，再把它放入正方体中，我们却发现装不下了。因此，把好多器具都做成圆的主要是为了增加容量。

另外，把碗做成圆的还有其他的优点。圆碗比较坚固，不容易破裂。圆碗比其他形状的容器更方便清洗。而且，圆碗是没有棱角的，也有尊重客人的意义。

这就是为什么要把壶、杯子、碗等物品设计成圆的缘故。你知道了吗？

著名的景德镇陶瓷

中国陶瓷，历史悠久，世界闻名。早在唐代，精美的中国陶瓷就远销欧洲，受到欧洲人的喜爱，他们把中国称为"陶瓷之国"。在此，我们要介绍著名的"景德镇陶瓷"。景德镇瓷质"白如玉、明如镜、薄如纸、声如磬"，景德镇陶瓷艺术是中国文化宝库中的重要财富。

1. 生活中的许多容器都做成圆的是为了增加(　　)。

A 体积　B 质量　C 容量

2. 中国最出名的陶瓷来自(　　)。

A 河南禹州　B 江西景德镇

C 河南汝州

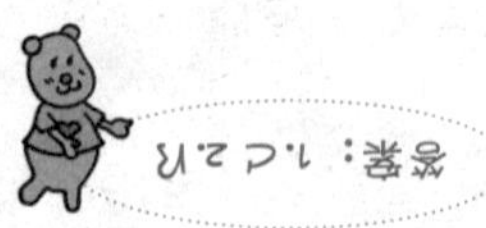

30　为什么吸管可以把水吸上来？

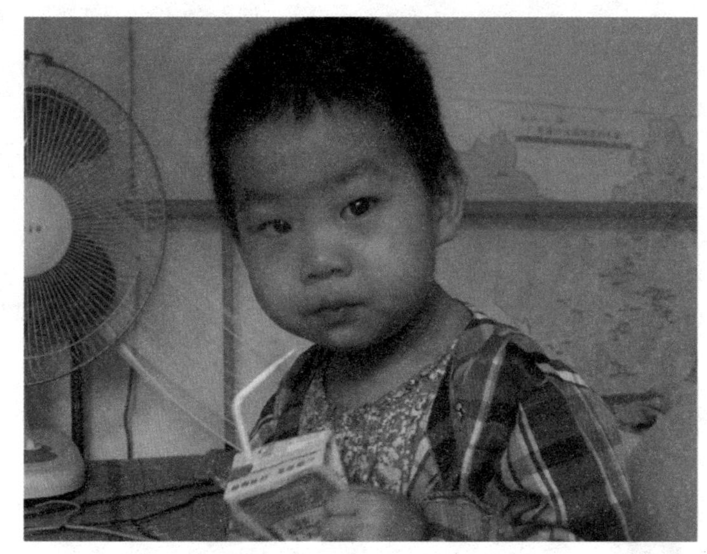

这是因为大气压力的缘故。好多小朋友对大气压力感觉很陌生，其实只要有空气存在，就会产生我们感觉不到的大气压力。我们把吸管放进水里，吸管外面和吸管里面受到的大气压力相同，所以杯子中水的高度和吸管中水的高度相同，当我们用嘴吸的时候，管内的空气被吸掉了，压力就减小了，而管外的压力没有改变，所以管外压力大于管内压力，我们不停地吸，水就不停地流进我们的嘴里。

为了证明大气压力的存在，1644 年德国科学家格里克在德国马德堡做了一个实验，这就是著名的“马德堡半球实验”。他把直径 36 厘米的两个空心金属半球合起来，并将里面的空气抽走，结果必须用 16 匹马（每边 8 匹）方可将两个空心金属球拉开。

大气压力在我们的生活中有许多表现，只要我们善于发现，就会找到它的奇妙之处。

压力的控制

在生活中，压力可能会产生一定的危害，所以要控制它并且合理利用。人们在实践中发现，通过改变受力的面积可以改变压强。比如，钉子的头很尖就容易钉进墙里去，滑雪的时候总要踩长长的雪橇。

只要有空气存在，就会产生我们感觉不到的（　）。

A 大气压力　B 大气阻力

C 大气浮力

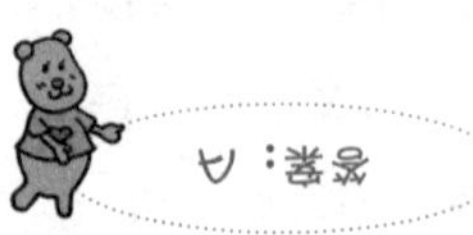

31　为什么不倒翁不会倒？

要使一个物体稳定，不易翻倒，需要满足两个条件：第一，它的底面积要大；第二，它的重心尽可能集中在底部，也就是说，它的重心要低。物体的重心可以认为是所受重力的合力作用点。对任何物体来说，它的底面积越大，重心越低，它就越稳定，越不容易翻倒。

设计不倒翁的时候，把下面设计得很大很重，并且在底部放进很重的铅块或铁块，而把上部设计得很小很轻。用手碰它一下，晃了晃，又稳稳地站在那里。不倒翁的底面积大而圆滑，很容易摆动。

当不倒翁向一边倾斜时，由于支点（不倒翁和桌面的接触点）发生变动，重心和支点就不在同一条垂线上。这时候，不倒翁倾斜的程度越大，重心离开支点的水平

距离就越大，重力产生的摆动效果也越大，使它恢复到原位的趋势也就越显著，所以不倒翁是推不倒的。

你明白不倒翁为什么不会倒了吗?

重力

重力是将我们和所有物体拉向地球的一种力。重力使抛向天空的球最终落下来，地球对一切都有吸引力，这种吸引力作用在每一个物体上就成了重力。

要使一个物体稳定，不易翻倒，重心尽可能集中在（　）部。

A 底　B 中　C 上

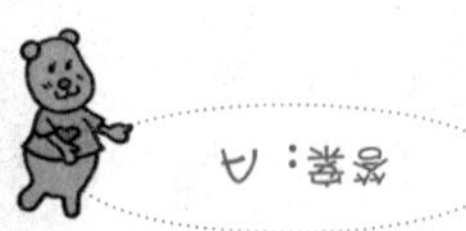

32 为什么吃饭时看书不好？

一边吃饭一边看书不好，这是很多人都知道的道理。但为什么不好呢？我们知道，在吃饭的时候，口中会分泌出消化液帮助我们消化食物。如果一边吃饭一边看书，我们的注意力集中在书上，消化液就会因此减少分泌，而且一边吃饭一边看书，食物往往咀嚼得不细。这些都会影响我们对食物的消化和吸收。所以有这种习惯的小朋友一定要改正哦！

人体内血液的“分配”也是遵循“多劳多得”的原则，当看书学习时，大脑处于劳动的状态，所以血液要多分配给大脑一些，以保证大脑能够正常工作。在吃饭的时候，为了使胃肠道能更好、更充分地消化吸收食物，流经胃肠系统的血液相对其他时间会多一些。边吃饭边看书，既学习不好，还可能由

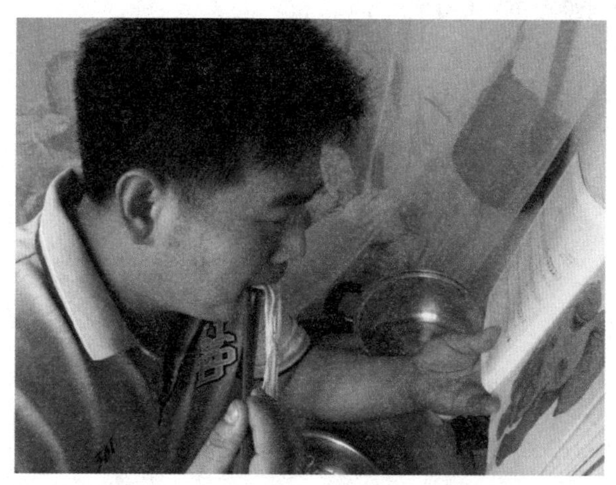

于看书学习使得胃肠道的供血不足，这是一个非常不好的习惯。吃饭的时候看电视也是同样的道理，不利于身体健康。

怎样合理安排一日三餐？

从营养学上讲，“早餐好，午餐饱，晚餐少”是合理的。从数量和质量上来说，“好、饱、少”三餐分配比例以3:4:3为最好。早餐最好以牛奶、豆浆、稀粥等为主，另外还需吃一点水果和蔬菜。午餐吃蛋白质、脂肪、糖类等营养丰富的食物。晚餐可吃些含丰富淀粉的食物。

1. 边吃饭边看书不利于（　）。

A 消化　B 呼吸　C 运动

2. “早餐好，午餐饱，晚餐少”是（　）的。

A 合理　B 不合理　C 无所谓

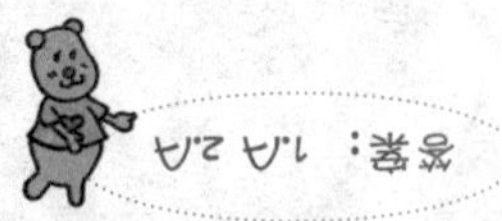

33 为什么不要躺着看书？

躺着看书受害最大的就是我们的眼睛，长时间躺着看书，我们的视力会变得越来越差。

在我们的眼球中，有一个透明扁圆的晶状体，像个凸透镜，它有弹性，靠眼球表面肌肉的伸缩，可以改变它的厚薄程度。我们在看东西的时候，就是靠调节晶状体来提高清晰度的。躺着看书，目光是斜着的，很难达到眼睛和物体之间的距离合理，而对于晶状体来说调节起来也很困难，所以躺着看书我们很快会感到视觉疲劳。我们看书的时候，应该让两只眼睛承受同样的负担。如果躺着看书，情况就不一样了，两只眼球所承受的负担轻重不一样，眼轴就会发生变化。

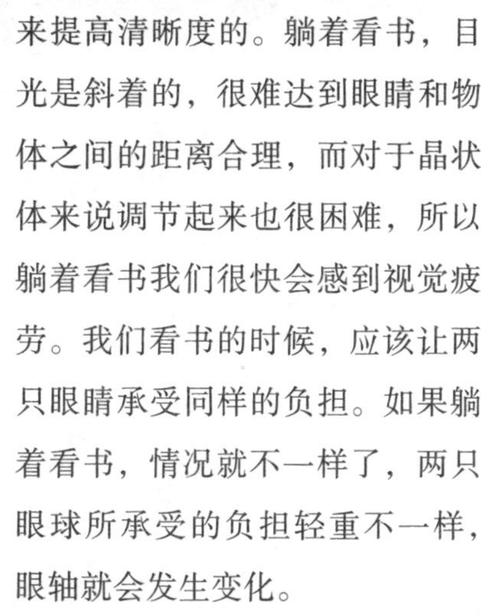

长期躺着看书，眼球表面肌

肉的伸缩能力就会发生混乱，结果就使我们的眼球变长，晶状体变厚，出现近视。

眼　轴

眼轴是指眼前后表面中点连线，也叫做眼长。一般人的眼轴长度在 21 ~ 24 毫米之间，超过这个长度就可能形成近视。

躺着看书最大的受害者是我们的（　　）。

A 鼻子　B 嘴巴　C 眼睛

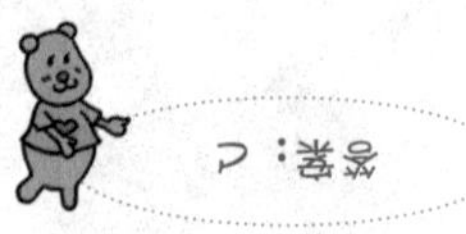

34 为什么近视镜片能让人看清楚？

近视镜片在光学上叫做凹透镜。凹透镜成像的原理比较复杂，在这里不做详细的解释。简单地说，人能看见物体是因为人的眼球里面有一层膜，叫做视网膜。在正常情况下，物体的像落在视网膜上，人就能看到这个物体。可是眼睛近视的人，物体的像却落在视网膜的前边，所以我们看不清楚物体。而戴上近视镜后，就能把像往后移，使它正好落到视网膜上，这样，就能看清楚物体了。

戴眼镜是为了达到矫正视力的目的，同时戴眼镜之后不会产生视觉干扰的现象。镜片的表面质量直接关系到近视患者的视力健康，如何能知道镜片的质量好坏呢？评价镜片的质量好坏主要是观察镜片是否

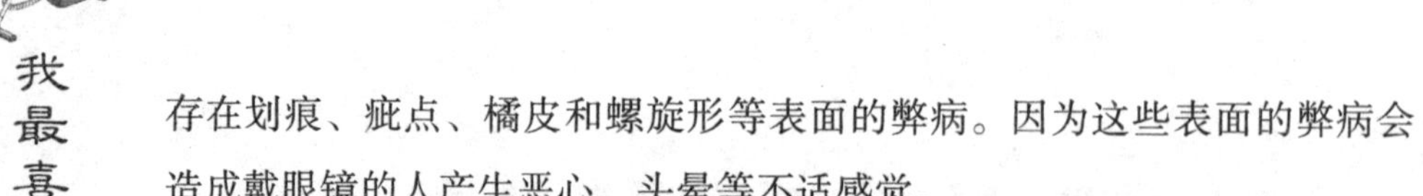

存在划痕、疵点、橘皮和螺旋形等表面的弊病。因为这些表面的弊病会造成戴眼镜的人产生恶心、头晕等不适感觉。

怎样保养镜片？

摘、戴眼镜的时候用手轻拿轻放，避免眼镜架变形。放置在桌上时，将镜片向上，以免磨损镜片。不用时最好放在眼镜盒中。擦拭眼镜应该用柔软的镜布或面纸，不要使用粗糙或表面过硬的物品擦拭。

矫正近视的近视镜片在光学上叫做（　　）。

A 凸透镜　B 凹透镜　C 显微镜

答案：B

35　为什么不能用铁桶装蜂蜜？

大家都知道，蜂蜜一般盛放在玻璃罐中。可能有小朋友会问，为什么不能把蜂蜜放在铁桶里呢？因为蜂蜜是酸性食品，能和金属产生反应，如果蜂蜜中含有金属，则颜色发黑，营养价值下降。人吃了含有金属的蜂蜜会发生轻微中毒。所以在生活中人们不用铁桶盛放蜂蜜。蜂蜜也不能放在塑料容器中，容易起化学反应，所以最好用玻璃瓶装。

研究表明，蜂蜜中含有单糖及少量的矿物质、维生素、蛋白质等多种营养成分，它具有

清热、解毒、止痛等作用。蜂蜜又被称为是“使人愉快和保持青春的药物”，民间很早就广泛使用蜂蜜来治疗许多疾病，并认为它是延年益寿的珍品。蜂蜜对胃肠道疾病、呼吸系统疾病、肝脏疾病等具有良好的医疗作用。食用蜂蜜切记不能与洋葱和豆腐混食，蜂蜜与洋葱同食容易伤害眼睛，严重的将导致失明；蜂蜜与豆腐同食将导致耳聋。

蜜蜂的家——蜂巢

蜂巢是蜂群生活和繁殖后代的处所，由巢脾构成。每张巢脾由数千个巢房连结在一起组成，是工蜂用自身的蜡腺所分泌的蜂蜡修筑的。大、小六角形的巢房，是为培育雄蜂和工蜂的。培育蜂王用的巢房，称为王台。

1. 人吃了含有金属的蜂蜜会发生轻微的(　　)。

A 头疼　B 中毒　C 感冒

2. 蜂蜜除了不能与豆腐混食之外，还不能和(　　)共用。

A 洋葱　B 鸡蛋　C 萝卜

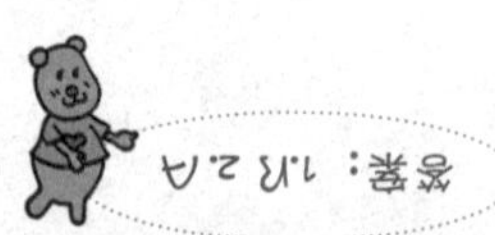

36　为什么不能吃发芽土豆？

土豆是我们生活中经常吃的食物，可是发了芽的土豆是不能吃的。因为土豆的芽眼附近，含有一种叫做龙葵素的物质，它有毒，进入人体后会出现轻重不一的中毒症状。质量好的土豆每100克中只含龙葵素10毫克，而变青、发芽、腐烂的土豆中含的龙葵素可增加50倍或更多。发生土豆中毒，一般会在食用后30分钟至3个小时之间出现如舌喉麻痹、胃部灼痛及恶心、呕吐等胃肠炎症状，严重者可出现瞳孔扩大、耳鸣、兴奋等症状。

因此，在吃土豆的时候，一定要挖掉芽眼，并把芽眼周围也挖掉一部分。另外，吃土豆

时一定要削皮，因为在土豆皮中富含龙葵素。做菜的时候，还要加点醋，醋能分解龙葵素。如果吃土豆时口中有点发麻的感觉，则表明该土豆中还含有较多的龙葵素，应立即停止食用，以防中毒。

如何防止砧板传播疾病？

砧板的卫生处理应做好一洗、二刷、三冲、四消毒。一洗：在每次切完菜后应在热水中洗涤10分钟左右；二刷：用刷子刷干净砧板上残留的菜、肉渣等东西；三冲：用自来水冲洗干净；四消毒便是采用煮沸、浸泡等办法来消毒砧板，家庭中使用的砧板最好准备两块，生、熟菜应分开切。

考考你

1. 发芽的土豆芽眼附近含有一种叫做（　）的有毒物质。

A 龙葵素　B 维生素　C 醋

2. 砧板的卫生处理应做好一洗、二刷、三冲、四（　）。

A 消毒　B 加热　C 晒干

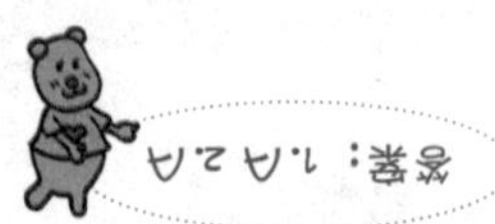

37　做菜为什么要加醋？

蔬菜中含有大量的维生素，但是所有的维生素都怕热，长时间加热维生素就会被破坏。经过人们不断实践和总结，发现醋能够稳定维生素的存在，所以做菜时加点醋，不仅能够调味，还能保持蔬菜的营养。

醋的原料和制作方法很有讲究。中国传统的酿醋原料，长江以南以糯米和大米（粳米）为主，长江以北以高粱和小米为主。现多以碎米、玉米、甘薯、甘薯干、马铃薯、马铃薯干等代用。原料先经蒸煮、糊化、

液化及糖化，使淀粉转变为糖，再用酵母使其发酵生成乙醇，然后在醋酸菌的作用下使乙醇氧化生成醋酸。以含糖质原料酿醋，可使用葡萄、苹果、梨、桃、柿、枣、番茄等酿制成各种果汁醋，也可用蜂蜜及糖蜜为原料，它们都只需经乙醇发酵和醋酸发酵两个生化阶段。

发 酵

复杂的有机化合物在微生物的作用下分解成比较简单的物质。发面、酿酒等都是发酵的应用，也叫做酸酵。

考考你

1. 蔬菜中含有大量的（　），这种东西怕热，长时间加热会破坏这种成分。

A 维生素　B 纤维素　C 蛋白质

2. 长江以南酿醋的原料以（　）和大米（粳米）为主。

A 小米　B 红薯　C 糯米

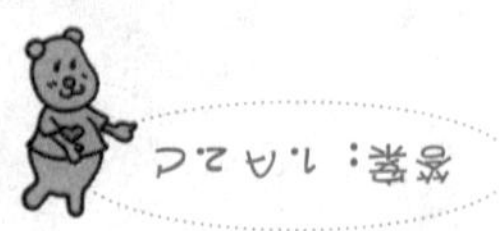

38 为什么不要用生酱油拌凉菜？

一进入夏季，人们都喜欢吃一些凉拌菜。有些人喜欢在凉拌菜里放些酱油，但是天气炎热，生酱油里很容易繁殖细菌，直接用它来拌凉菜对人们的健康非常不利。

在生产、贮存、运输、销售等过程中，常因卫生条件不良而造成酱油污染，甚至混入肠道传染病的致病菌。因此，买回酱油后应及时放在锅内煮数分钟，进行彻底杀菌，煮的时间切忌过长，以免焦化而影响酱油的风味。在重新灌装酱油前，应把瓶子和漏斗先用开水烫洗一下，然后也在水中煮沸一下，这样经过重新消毒处理的酱油既能长期贮存，而且做凉拌菜时也可大胆使

用。

用生酱油拌凉菜很不卫生，稍不慎便会引发各种肠道疾病。只有经过加热后的酱油才可以放心食用。

吃凉拌菜应该注意什么？

凉拌菜不仅味美色鲜、清凉爽口，而且营养丰富。但是制作的时候要注意几点：要挑选新鲜蔬菜，要用清洁的水多冲洗几遍。拌凉菜时，应用干净的筷子，不要用手拌。做冷拌肉菜时，肉一定要先煮熟煮透。

夏季天气炎热，生酱油里很容易繁殖（　　）。

A 细菌　B 病毒　C 小动物

39 为什么捞出饺子后，呆一会儿就会粘连在一起？

我们知道，饺子皮是用面粉做成的，面粉的主要成分是淀粉。饺子在锅里被加热以后，淀粉发生变化，会变成一种叫糊精的物质。糊精类似于糨糊，甚至比糨糊还黏，捞出饺子之后，由于糊精的作用使饺子皮相互粘连在一起。

可能有小朋友会问，怎样才能让饺子不粘在一起呢？把捞出的饺子放在清水里过一下，或者在煮饺子的锅里放几片葱叶，都可以使饺子不粘在一起。

饺子是一种历史悠久的民间吃食，深受老百姓的喜欢，民间有“好吃不过饺子”的俗语。每逢新春佳节，饺子更成为一种不可缺少的应时佳肴。饺子成为春节不可缺少的节日食品，究其

原因：一是饺子形如元宝，人们在春节吃饺子取“招财进宝”之意；二是饺子有馅，便于人们把各种吉祥的东西包到馅里，以寄托人们对新的一年的祈望。

春节习俗

春节是中国传统的节日，春节时，在民间都有什么习俗呢？主要有贴春联、贴年画、剪窗花、蒸年糕、包饺子、放爆竹、除夕守岁、拜年等习俗。很久以前还有敬天祭神的活动，但是现在已经被逐渐淘汰了。

1. 捞出饺子后，呆一会儿会粘在一起是因为一种叫做（　）的物质起的作用。

A 糨糊　B 糊精　C 胶水

2.（　）是人们在新春佳节必吃的食物。

A 面条　B 馄饨　C 饺子

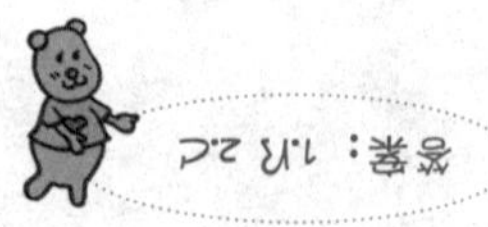

40 为什么水落在油锅里会发出一阵爆响？

我们知道，水有三种形态——固态、液态和气态。固态的水就是冰，它通常在 0℃以下才能形成。液态是水在常温下的状态；气态是水在加热到 100℃左右的时候，开始汽化，变成水蒸气，形成气态的水。而油锅里的油需要到 200~300℃时才能沸腾，所以在加热的油锅里滴进水的话，就会发出爆响。

炒过菜的人都有一条经验，在炒菜的时候，一定要等锅里的油没有气泡的时候，才把菜下锅。原来，油里含有一些水分，当油加热的时候，因为水的沸点比油低，所以油里

的水首先沸腾，这时候油虽然也发出叽里咕噜的声音，其实温度并不高。等这些气泡都消失以后，说明水已经被全部赶跑了，油的温度也升到了100℃以上，这时候下菜才是最佳时间。

小朋友们在炒菜的时候，一定要注意这个小细节哦！别将油溅到身上伤害自己。

炒菜时吸入油烟对身体有多大影响？

工业废气，汽车尾气和烹调时的油烟，被视为造成大气污染的三大"杀手"。中国的饮食文化讲究煎、炒、烹、炸，而这些烹调方式可产生大量油烟。油烟随空气侵入人体呼吸道，进而引起疾病，常使人出现食欲减退，心烦、精神不振、嗜睡、疲乏无力等症状。此外，油烟中含有一种致癌物，长期吸入这种有害物质可诱发肺脏组织的癌症。因此，人们在烹饪时应注意不要使油温过高，不要用反复烹炸的油，使厨房常保持通风换气。

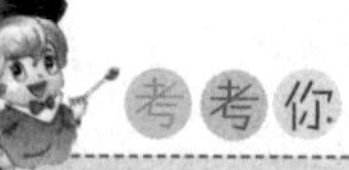

水有三种形态——固态、液态和（　　）。

A 水蒸气　B 气态　C 冰

41　冷冻食物为什么不能用热水解冻？

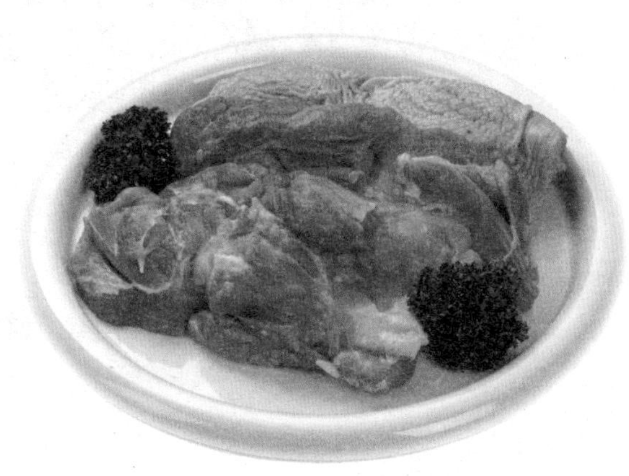

如果把冷冻食物放在热水里解冻的话，外面的一层很快就化开了，而里面的却要好长时间才能化开。等到全部化开后再用它做菜就已经不新鲜了，味道也会大打折扣。所以我们通常把冷冻的食物放进冷水里解冻，或者放在桌子上让它自然化冻，这样做出来的菜肴味道鲜美，而且营养价值不会丢失。

你知道吗？在我们日常生活中，有些食物是不适合冷冻的。其中有香蕉、鲜荔枝、西红柿等。如果将香蕉放置在12℃以下的地方贮存，香蕉就会发黑腐烂；鲜荔枝在0℃的环境中放置一天，其表皮会变黑、果肉会变味；西红柿经低温

冷冻后，其肉质将呈水泡状，显得软烂，或出现破裂现象，或表面出现黑斑，导致煮不熟、无鲜味，严重的则酸败腐烂。

为什么在保质期内的冷冻食品也会变质？

冷冻食品应放在-18℃以下的冷库中冷藏，否则很容易变质。由于超市内的冷冻食品大多是开柜式经营，如当日卖不完的食品，不入冷库或不存入封闭性能较好的冷柜中冷藏，若食品堆放又超过了最大装载量，柜中的冷冻食品就难以达到所需的低温，故容易发生变质。

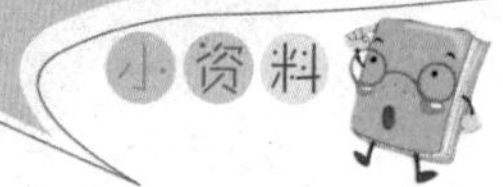

冷冻食物用热水解冻，做出来的菜肴不够新鲜，容易造成（　）的丢失。

A 蛋白质　B 营养价值　C 维生素

答案：B

42 为什么人不能吃得太饱？

一个人的胃总是有限度的，如果吃得太饱，胃里就会充满食物。我们吃的食物是靠胃的蠕动来消化的，胃里东西太多，蠕动速度就慢，就不能产生足够多的胃酸来消化食物，这样容易造成消化不良。一旦消化不良，我们的健康就会受到影响。

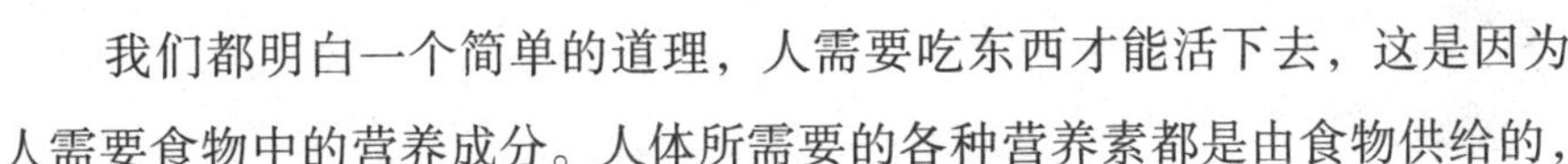

我们都明白一个简单的道理，人需要吃东西才能活下去，这是因为人需要食物中的营养成分。人体所需要的各种营养素都是由食物供给的，

但是没有任何一种天然食品能够包含人体所需要的各种营养素，即使是肉类、鱼类、鸡蛋、牛奶这些公认的营养佳品，也缺乏某些人体必需的营养素。所以单靠一两种食物，不管营养怎样丰富，也不管吃

的数量多大，都不可能满足维护人体健康的需要。如果长期挑食、偏食，就会使身体缺乏某种营养物质，影响健康，甚至引起营养缺乏的病症。所以，小朋友们不要挑食、偏食哦！

吃冷饮对身体有害吗？

夏天天气炎热，适当吃些冷饮，不仅能消暑解渴，还可以帮助消化。但是千万不要暴饮暴食，严重的还会诱发疾病。人在经过剧烈运动之后，体温升高，咽部充血，如果受到大量冷饮的刺激就会出现腹痛、腹泻或咽部疼痛等症状。

1. 我们吃的食物是靠胃的（　）来消化的。

A 吸收　B 蠕动　C 运动

2. 长期挑食、偏食，就会使身体缺乏某种（　），影响健康，甚至引起营养缺乏的病症。

A 营养物质　B 金属物质　C 脂肪物质

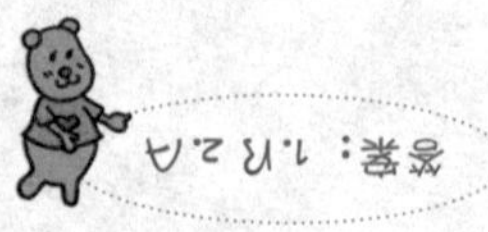

43 为什么高压锅煮饭熟得快？

世界上第一只高压锅是1681年发明的，发明人是法国医生兼物理学家、机械师丹尼斯·帕平。高压锅煮饭快与水的沸点有关。我们知道用普通锅做饭，得先把水烧开，温度达到100℃左右，然后在这一温度下焖一段时间，才能把饭煮熟。水烧开以后，它的内部和表面同时发生剧烈的汽化，这种现象叫做沸腾。水沸腾时的温度叫做水的沸点。

如果锅里的温度能高于100℃，做饭所用的时间就会大大缩短。怎样提高水的沸点呢？我们知道水的沸点随着压强的增大而升高，高压锅就是根据这个原理制造的。它用特别的胶圈密封，不让锅内蒸汽跑掉。因此，在加热过

程中蒸气压强不断增大，提高了水的沸点。高压锅内水沸腾的温度可达到 108℃左右，所以做饭熟得快，既省时又省燃料。

铁锅对人体的好处

传统铁锅炒菜所溶解出来的少量铁元素，容易被人体吸收，可有效防止缺铁性贫血发生，对人体的健康很有益处。而且，铁锅已成为世界卫生组织向全球推荐的健康炊具。但是，生锈铁锅中铁的成分已经发生了变化，摄入体内会对人体有害。

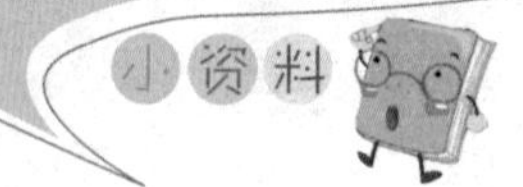

1. 水沸腾时的温度叫做水的（　　）。

A 熔点　B 沸点　C 冷却点

2. 如果锅里的温度能高于（　　），做饭所用的时间就会大大缩短。

A 100℃　B 200℃　C 50℃

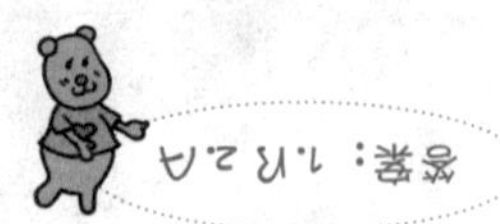

44 鸡蛋为什么攥不破？

不知道你做过这种实验没有，把一个鸡蛋握在手里用尽力气去握，不要用指尖去抠，任你怎么握都不会把蛋壳弄破。为什么会这样呢？秘密就在鸡蛋的形状上，蛋壳表面是圆弧形的，你用力握时，力具有传递性，表面的力会沿着蛋壳的弧形分散开，而且分散得很均匀，因此蛋壳不容易被攥破。

另外，鸡蛋壳是由碳酸钙构成的，有一定的坚固性。当我们把鸡蛋捏在手心时，它表面所受的压力都是相等的，这个压力不够使蛋壳破裂，所以蛋壳不破。而在锅边磕碰一下鸡蛋就会碎，那是因为它受力不均匀。

在生活中我们发现，圆形的屋顶比比皆是。为什么要采用圆弧形建筑呢？这

都是受到鸡蛋的启发。体育馆屋顶只有几厘米厚，由于形状像蛋壳，因此非常结实。还有拱桥，也是根据弧形能够分散压力的原理建造的。

你理解了吗？

如何区分鸡蛋的好坏？

鸡蛋外壳有一层白霜粉末，手摸时不很光滑，外形完整的是鲜鸡蛋，外壳光滑、发暗、不完整、有裂痕的是不新鲜的鸡蛋。选购鸡蛋时用拇指、食指和中指捏住鸡蛋摇晃，不发出声音的是鲜蛋；手摇时发出晃荡声音的是坏蛋，声音越大，坏得越厉害。

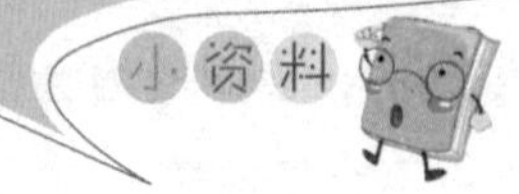

考考你

用力握蛋壳时，表面的力会沿着蛋壳的（　）分散开，而且分散得很均匀，因此蛋壳不容易被攥破。

A 表面　B 弧形　C 圆形

答案：B

45　为什么新疆的西瓜特别甜？

炎热的夏季中，降温解暑的水果首推西瓜。哪里的西瓜最甜呢？很多人都知道新疆的西瓜最甜，新疆不仅西瓜甜，那里的哈密瓜更是美名永传。为什么新疆的西瓜特别甜？这和新疆的地理位置有关，新疆地处我国西北内陆地区，远离海洋，属大陆性气候。这种气候冬冷夏热，雨量少，气候非常干燥，晴天多，日照充足。而且白天和黑夜温差很大，白天温度高，可以加强农作物的光合作用，有利养分的积累；夜间温度低，农作物的呼吸作用减弱，减少了养分的消耗。在这样的条件下，最有利于糖分的形成，因此西瓜含糖量高，也就特别甜了。

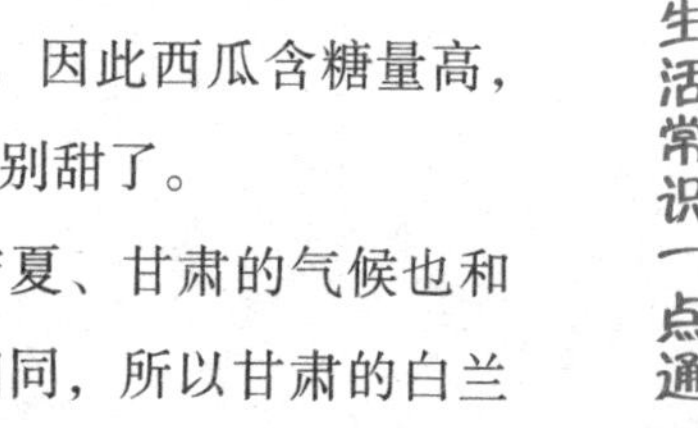

宁夏、甘肃的气候也和新疆相同，所以甘肃的白兰

瓜、宁夏的西瓜和新疆的西瓜、哈密瓜一样，都非常受人们的喜爱。西瓜是最好的天然饮料，而且营养丰富，对人体益处多多。

新疆著名特产——雪莲

雪莲又名雪荷花，主要生长于天山南北坡、阿尔泰山及昆仑山雪线附近的高旱冰碛地带的悬崖峭壁之上。雪莲种子在0℃发芽，3℃～5℃生长，幼苗能经受-21℃的严寒。雪莲在医药上的应用已有数百年的历史。

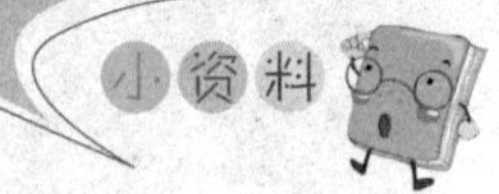

1. 炎热的夏季，降温解暑的水果首推（　）。
A 葡萄　B 苹果　C 西瓜
2. 由于新疆的西瓜含(　)量高，所以特别甜。
A 糖　B 盐　C 水分

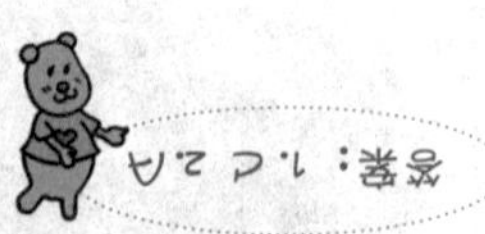

46 银针果真能验毒吗?

在民间，银器能验毒的说法广为流传。银针或银钗验毒的方法，流传大约已经有一千多年了，所以说这是一种老方法、老传说。早在宋代著名法医学家宋慈的《洗冤集录》中就有用银针验尸的记载。时至今日，还有些人用银筷子来检验食物中是否有毒，存在着银器能验毒的传统观念。银器真的能验毒吗?

古人所指的毒，主要是指剧毒的砒霜，古代的生产技术落后，致使砒霜里都伴有少量的硫和硫化物，其所含的硫与银接触，就可起化学反应，使银针的表面生成一层黑色的“硫化银”。到了现代，生产砒霜的技术比古代要进步得多，

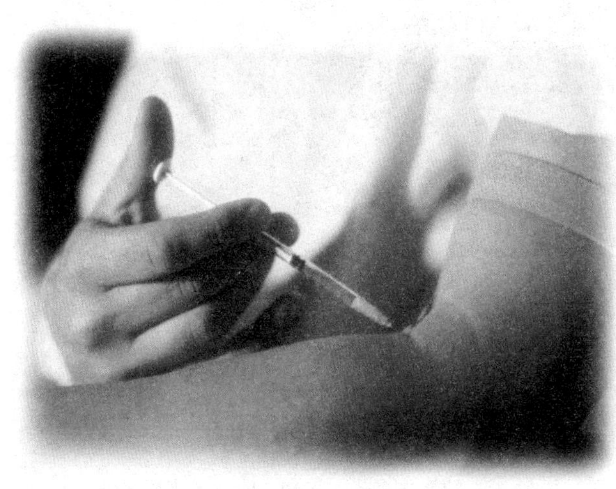

提炼很纯净，不再掺有硫和硫化物，而且银金属化学性质很稳定，在通常的条件下不会与砒霜起反应。所以，现在用银针是不能验出毒素的。这种验毒方法虽不能说完全不符合科学，但可以断言其局限性很大。

为什么针容易刺进物体里？

针细小，而且针尖非常锋利，当我们用针的时候，力量全部集中在针尖上，这样针就能很容易地刺进物体。在很久以前，人们就已经学会磨制针了，它也是人类智慧的结晶。

1. 古人所指的毒，主要指剧毒的（　）。

A 断肠散　B 砒霜　C 三步倒

2. 我们在用针的时候，力量全部集中在（　）上，所以就能很容易地刺进物体。

A 针尖　B 针孔　C 针棒

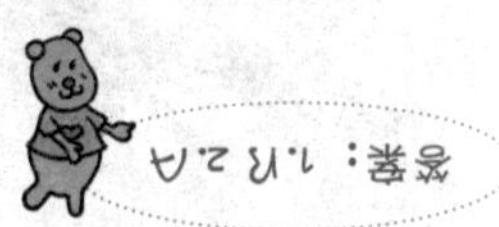

47 为什么毛巾没有旧就变硬了？

毛巾上的油污和尘土多了以后，在凉水中用肥皂搓洗，水里的钙镁离子和肥皂里的油脂会生成一种不能溶在水里的油脂酸钙盐和镁盐，这些东西粘在纤维之间的空隙里，时间越长，毛巾就会变得越硬。

怎样把毛巾变柔软呢？首先准备一点纯碱，然后把毛巾投入水中，加入纯碱开始煮，煮开 15 ~ 20 分钟后，捞出用热水冲洗干净。再用毛巾的时候，你就会发现毛巾已经变得柔软无比了。

毛巾每天与我们的身体亲密接触，它的主要成分棉纤维很容易“藏污纳垢”，所以，我们要经常清洗毛巾，然后在太阳下晒干。毛巾使用时间长了，深入纤维缝隙内的细菌很难清除，清洗、晾晒等方式只能在短时间内控制细菌数量，并不能永久清除细菌。如果长期使用旧毛巾，会给细菌入侵造成机会。所以，最好三个月左右换一条新毛巾。

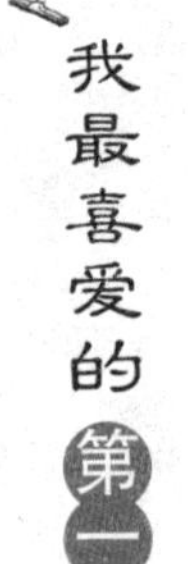

如何选择毛巾？

选择毛巾主要看外观、摸手感、闻气味。好的毛巾色彩比较鲜艳，图案印制清晰，毛圈均匀，缝边齐整，手感一般比较柔软，蓬松而富有弹性，合格的毛巾产品应无异味。如果滴在新毛巾上的水滴能被迅速吸收，则说明毛巾的吸水性好。

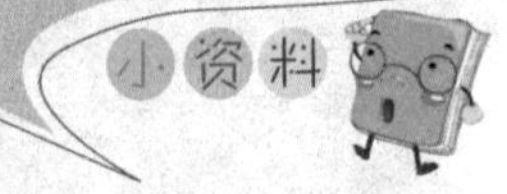

1. 毛巾在凉水中用肥皂搓洗，水里的钙镁离子和肥皂里的油脂就会生成一种不溶于水的（　）盐和镁盐。

A 油脂酸钙　B 磷酸　C 硫酸

2. 把毛巾放在加有(　)的水里煮，然后捞出用热水冲洗干净，毛巾就会变得柔软无比。

A 纯碱　B 纯糖　C 石灰粉

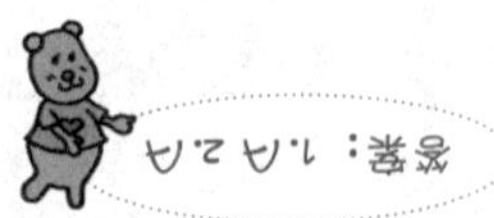

48 为什么穿上毛衣就觉得暖和？

织毛衣的时候，毛线与毛线之间的缝隙很小，而且躲在缝隙里的空气不容易流动,所以就形成了一道严实的“墙壁”，外面的冷空气进不来，里面的暖空气也出不去，我们就会感觉特别暖和。

冬天保暖的衣物一般要选择毛料的长衣、长裤或毛衣、毛裤。含毛量较高的毛衣、毛裤能提供很好的保暖效果，即便湿了也仍能保暖。如果外出登山，所用的毛衣式样以简单保暖为主，一般选择圆领套头式或高领套头式毛衣。

许多动物都有厚厚的毛皮，像我们穿毛衣一样，也有保暖的作用。但是动物在过冬的时候，与人类是不同的，大多要进行冬眠。例如，熊冬眠是因为冬天不容易找到食物，到了秋天它

们就大吃特吃，使自己长胖，冬天就靠脂肪来提供养料，但冬眠时，它们还会醒过来；兔子有厚厚的毛保暖，所以冬天也不怕冷。

鉴别羊毛衫

鉴别羊毛衫主要有两种方法，一种是感官鉴别法，一种是燃烧法。感官鉴别主要是通过眼睛的观察和手触摸时的感觉，真的羊毛产品比较柔软，而且富有弹性，比重大，色泽柔和。用燃烧法鉴别的时候，真羊毛会一边冒烟起泡，一边燃烧，并伴有烧毛发的臭味。

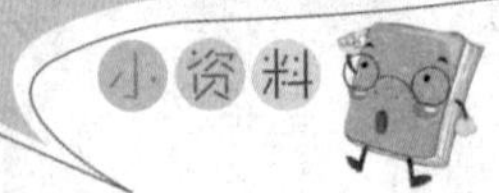

1. 穿上毛衣可以有效的抵御（　）的侵袭。

A 热空气　B 冷空气　C 灰尘

2. 兔子在冬天的时候依靠自己厚厚的（　）保暖。

A 皮　B 毛　C 脂肪

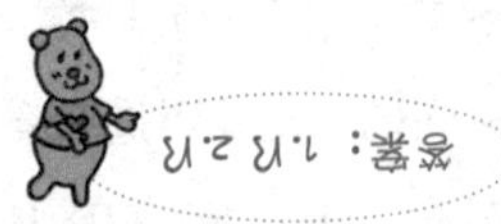

49　为什么不能把工作服穿回家？

把工作服穿回家没有一点好处，不管是什么工作性质的工作服，都不能带进家里。比如说医院的工作服，它上面会携带大量的病菌和污物；还有在工厂工作的工作服，衣服上通常沾满了金属碎屑、化学药品的粉尘及其他污垢……所以千万不要把工作服带离工作环境，那样不仅影响自己的健康，还会波及周围的人。

不同的工作所穿着的工作服也是有区别的。比如在医院工作的医护人员都以白色、浅绿、淡粉色为主，一方面因为浅色给人一种洁净的感

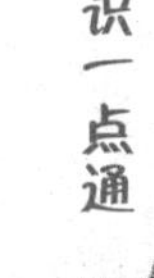

觉，另一方面浅色比较柔和，不容易刺激病人的神经，有利于病人的健康。在工厂里工作的工人，衣服的颜色一般比较深。清扫马路的环卫工人，他们的衣服都以亮颜色为主。

不管从事什么工作，下班都应该换上便装后再回家，以免把病菌及污物带给自己的家人。

不同场合穿不同衣服

至少有五个场合要穿礼服：盛大晚宴、舞会、歌剧院、音乐会、出席婚礼等社交场合。如果穿着牛仔裤出席音乐会，未免有失水准。而着装随便地出席盛大宴会，也会显示出对主人及其他出席者的不尊重。

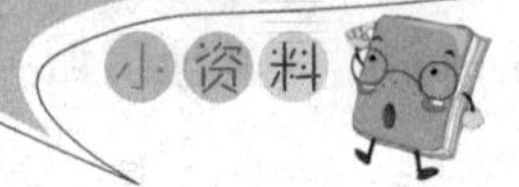

把工作服带回家中，不仅影响自己的（　），还会波及周围的人。

A 健康　B 习惯　C 身体

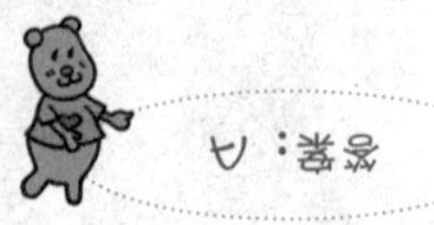

50　酒为什么不冻结？

要知道这个问题的答案，我们就要了解酒的成分，酒的主要成分是酒精，纯酒精的凝固点约为 -117℃。虽然各种酒的酒精含量不一样，但它们的凝固点都在 -80℃以下。在我们身边出现的最低气温不会低于 -80℃，所以酒在日常生活中不会冻结。

酒是人类生活中的主要饮料之一。中国制酒历史源远流长，品种繁多，名酒荟萃，享誉中外。黄酒是世界上最古老的酒类之一，约在三千多年前的商周时代，中国人独创酒曲复式发酵法，开始大量酿制黄酒。约一千年前的宋代，中国人发明了蒸馏法，从此，白酒成为中国人饮用的主要酒类。酒渗透于整个中华五千年的文明史中，从文学艺术创作、文化娱乐到饮食烹饪、养生保健等各方面都占有重要的位置。

蒸馏酒

蒸馏酒的酒精浓度高于原发酵产物的浓度，大多是度数较高的烈性酒。蒸馏酒的原料主要有蜂蜜、甘蔗、甜菜、水果和玉米、高粱、稻米、马铃薯等。白兰地、威士忌、朗姆酒和中国的白酒都属于蒸馏酒。

1. 纯酒精的凝固点约为（　　）℃。

A －80　B －117　C －115

2. 商周时代，中国人独创（　　）发酵法。

A 蒸馏　B 提取　C 酒曲复式

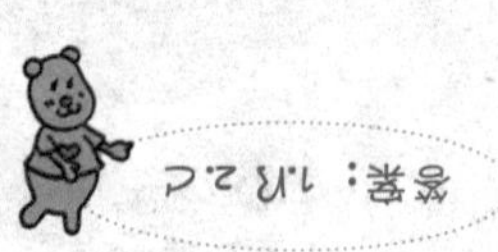

51 海水为什么不能喝？

这个问题其实不小心喝过海水的人都明白，海水很苦，非常难喝。为什么会这样呢？海水中含有大量的氯化钠，氯化钠就是每天做菜用的食盐，所以海水的第一种味道就是咸。另外，在海水中还含有大量的氯化镁，氯化镁也是一种盐，它的味道是苦的。

那么，海水中的盐是从哪里来的？科学家们把海水和河水加以比较，研究了雨后的土壤和碎石，得知海水中的盐是由陆地上的江河通过流水带来的。当雨水降到地面，便向低处汇集，形成小河，流入江河，一部分水穿过各种地层渗入地下，然后又在其他地段冒出来，最后都流进大海。水在流动过程中，经过各种土壤和岩层，使其分解产生各种盐类物

质，这些物质随水被带进大海。海水经过不断蒸发，盐的浓度就越来越高，而海洋的形成经过了几十万年，海水中含有这么多的盐也就不奇怪了。

为什么海水是蓝色的？

海水就像自来水一样，是无色透明的。是谁给大海涂上了颜色呢？因为太阳中的蓝光、紫光遇到海水的阻控就纷纷散射到周围去了，或者干脆被反射回来了。我们所看到的就是这部分被散射或被反射出来的光。海水越深，被散射和反射的蓝光就越多，所以，大海看上去总是碧蓝碧蓝的。

1. 海水中含有一种叫做（　　）的盐，它的味道是苦的。

A 氯化钠　B 氯化镁　C 氯化钾

2. 海水经过不断（　　），盐的浓度就越来越高。

A 流失　B 分解　C 蒸发

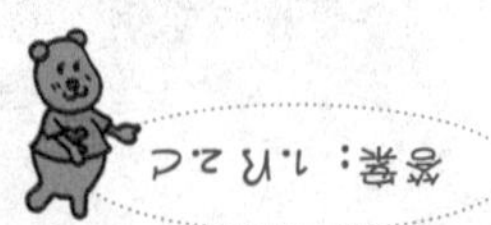

52 为什么雨水不能喝？

雨水是不能喝的，我们知道空气中含有大量的粉尘和脏物，而雨过天晴之后我们会感到空气格外清新。这时空气中的那些脏东西跑到哪里去了呢？原来是随着雨水从天空中落下，空气中的灰尘、细菌都被带了下来。

在净化空气方面，毛毛雨的功效最显著，它有“空气清洁员”的美名。因为空气中有一种放射性的灰尘，如果下倾盆大雨，会把灰尘直接冲到地上，虽然大气清新了，但是地表却被污染了。下毛毛雨就不一样了，毛毛雨的冲刷力小，在缓慢下降的过程中，会将灰尘中的放射性物质逐渐释放掉，使灰尘呈现出一种清洁的面貌，既清新了环境，又保护了土壤。

通过上面的叙述我们知道，雨水总是与灰尘、细菌打交道的，如果我们喝了雨水，细菌就会很容易进入我们的身体，引起许多疾病，所以雨水是不能喝的。

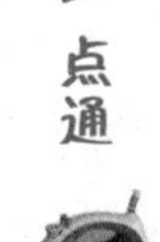

春雨贵如油

我国华北地区常在春季出现春旱，因为秋、冬两季的降雨很少，进入春季以后气温回升又快，水分的蒸发加快。但是，这时正是植物开始发芽、生长的时候，如果能够有雨水降临，当然会非常的珍贵，所以有“春雨贵如油”之说。

雨能够把（　　）从空中带下来，清洁我们的环境。

A 细菌和病毒　B 水滴和病毒

C 灰尘和细菌

答案：C

53 为什么吃冰激凌时盒外面有水珠？

空气中有很多看不见的水汽，当水汽遇到很冷的冰激凌盒时马上就会液化变成小水珠。所以，我们会发现冰激凌盒的周围有小水珠。

还有一个奇怪的现象是吃冰棍的时候，冰棍的表层会有“白烟”，这又是什么原因呢？其实这也是冷热相互作用的结果。夏天天气炎热，温度高，冰棍受热就会慢慢融化，变成水蒸气。另外，冰棍周围的空气也会变冷，形成许许多多的小水珠，这些小水珠随着空气在流动，看上去就像白烟似的。

冬天天气很冷，人说话的时候也会呼出白色的烟雾，人体呼出来的

气体有很多水蒸气，水蒸气遇冷就会液化成液体水了，但是比较细小，所以看起来就像白色的烟雾一样。

生活中有许多有趣的现象，它们有许多相似但又不同的地方，比较一下它们各自的特点，你会学到更多丰富的知识！

液化

物质由气体变成液体的过程叫做液化．气体液化时要放热。使物质液化的方式有两种，一种是降低温度，一种是施加压力。

空气中有很多看不见的（　），它遇到很冷的冰激凌盒就会（　）变成小水珠。

A 水汽，液化　B 空气，汽化

C 白烟，冷却

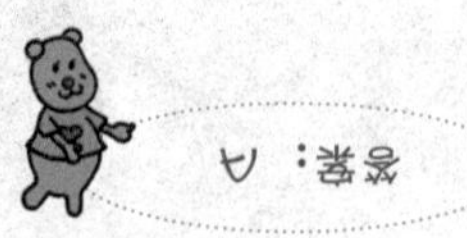

答案：A

54 为什么不要用嘴咬铅笔芯？

大家知道，铅是有毒的，虽然铅笔不是用铅制成的，但是用石墨和黏土制成的铅笔芯上带有很多细菌。因此，用嘴咬铅笔芯很不卫生。

铅对人体的危害较大，尤其儿童应该格外注意。

铅对儿童最主要的危害是对儿童脑发育的影响，它能影响神经系统的许多功能。因为儿童的神经系统正处于快速的生长和成熟时期，对铅的毒性尤其敏感，长期低剂量接触铅将影响婴幼儿的智力发育，使学习记忆力和注意力等脑功能下降，还影响到体格的发育。国内外研究都发现，在铅污染越严重的地方，儿童智力低下的发病率越高。即使是轻度的铅中毒也可以引起患儿注意力涣散、记忆力减退、理解力降低与学习困难，或者导致儿童多动症、抽动症等症状。

所以，铅对人体的危害是非常大的，学生在学习的时候，接触铅笔的机会多，应该更加注意，千万不要用嘴咬铅笔芯。

火柴头为什么不能往嘴里面含？

对于小朋友来说，嘴里含东西是一个很不好的习惯。火柴头更不能含在嘴里，因为火柴头是用硫磺做成的，有毒，要是把火柴头不小心吃下去，人就会中毒、生病，影响身体健康。

1. 铅笔芯上面带有很多的（　），用嘴咬很不卫生。

A 糖　B 细菌　C 毒素

2. 火柴是用（　）做成的。

A 硫磺　B 黏土　C 炭

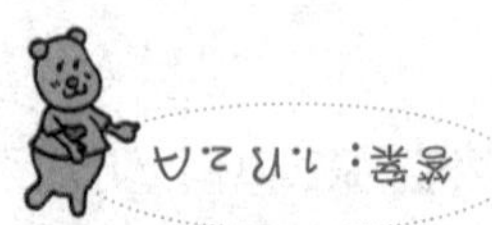

55　为什么万花筒可以变出好多的花样来？

我们知道，只要轻轻转动万花筒，它就会变化出许多不同的花样来。为什么会这样呢？其实万花筒的构造十分简单，里面有十几片不同颜色的小纸片，重要的是还有三块玻璃，这三块玻璃就如同三面小镜子，每块小纸片在镜子前都能有好多个像，当你转动万花筒时，小纸片就会动，而从三块玻璃中照出的许多小纸片的像也会跟着动，每转动一次，小纸片的位置都不一样。所以我们看上去，万花筒可以变化出好多的花样。

万花筒是1816年诞生的，这种玩具给我们的生活带来了许多色彩。万花筒是利

用了光的折射原理，利用三面玻璃组成的三角空心体，将彩色纸片的像通过镜面折射出来，形成三维立体的效果，使人可以看到色彩缤纷、变幻多样的美丽图案。

为什么哈哈镜会使人变形？

哈哈镜与普通的镜子不一样，人站在它的面前，会发生严重的变形。原来，它的镜面是由凹凸不平的玻璃制成的，能使影像变得奇形怪状，从而引人发笑。这是一种光学现象。

万花筒之所以能变出很多花样来，重要的是里面有三块（　　）。

A 木头　B 纸片　C 玻璃

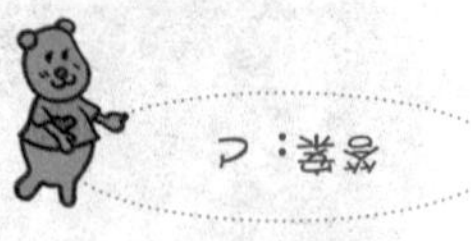

56　为什么放风筝时线总是拉不直？

春天我们放风筝的时候，任凭我们怎么拉线也拉不直，那是因为风筝在飞起来的过程中，受空气给它向上的力量和我们对风筝的牵引力的作用。除了这两种力之外，风筝线本身的重量使风筝线向下垂，又受到地球吸引力的作用，风筝线是拉不直的。

风筝在我国已有两千多年的历史了。早在春秋战国时期，就有人用木、竹做风筝。相传巧匠鲁班大师就是制作风筝的代表人物，他用木头削成鸟的形状放飞在天上。不过，这些都看不出来是用绳子牵引的。到了汉朝，出现了用竹子制作框架，以纸糊,用绳牵引,放飞在天空中的叫做“纸鸢”。到了五代时，李邺在风筝上拴了个竹笛，微风吹动，嗡嗡有声，很像“铮”的声音，因而得名“风筝”。

放风筝还有健身和医疗的作用，这一点很早就受到人们的关注。春天是放风筝的最好时节，小朋友们更应该多到户外活动。

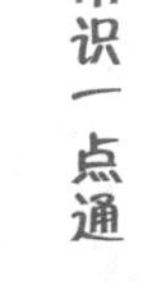

潍坊风筝

唐宋时期，现属潍坊的地区扎放风筝已很普遍。明清时期，潍坊的风筝达到极盛。潍坊风筝扎工精美，画工别致，造型新颖，构图合理。它还吸收了木版年画的某些特点，线条优美，色彩鲜明，善于运用夸张的方法，制作的风筝栩栩如生。最有代表性的大型龙头蜈蚣风筝，长达百余尺。

考考你

1. 除了受空气给风筝向上的力量和我们对风筝的牵引力的作用，(　) 使风筝线往下垂。

A 风筝线自身的重量

B 风筝自身重量　C 空气重量

2. 我国在五代时,(　) 在风筝上拴了个竹笛。

A 李邺　B 墨子　C 韩非子

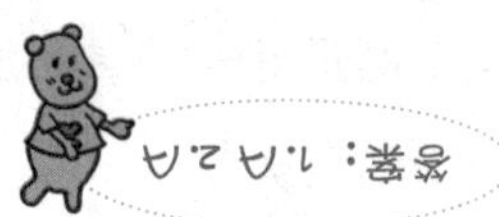

57 为什么雪球会越滚越大？

在严寒的冬天，雪球和地上的雪片本身都不潮湿，它们之间没有多大的黏附作用。那么，雪球越滚越大的主要原因到底是什么呢？

雪球在雪地上越滚越大是因为雪球重量的原因。为什么这样说呢？我们可以想想，雪球从一点点开始滚，地上的雪片受到雪球的挤压，就会化成水，因为温度比较低，水又马上结成冰。这样下去，地上的雪片就被粘在一起，雪球也就越滚越大了。

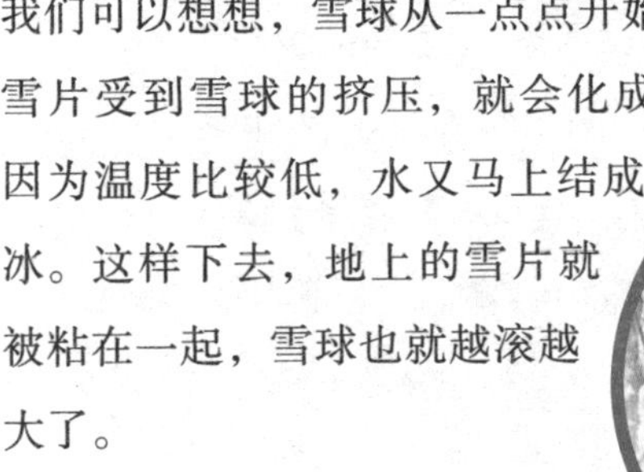

当我们把疏松的雪捏紧时，

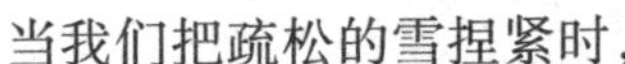

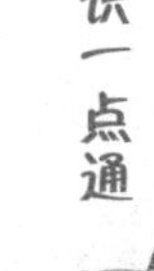

就加大了雪片之间的压力，雪的熔点下降，在室外低于0℃的条件下，雪也会融化为水。

冬天，我们喜欢在户外打雪仗，不知你有没有发现，下雪的时候其实不冷，但是化雪的时候却很冷。那是因为化雪的时候雪在吸收热量，所以空气中的热量会减少，自然而然就会感觉比下雪时冷。你明白了吗？

雪水的妙用

冬天下雪以后，把干净的雪装在容器里面。到第二年夏天，雪融化成的雪水，可以治病。如果人中暑了，喝半碗可以马上消除。我们在生活中，要多观察，善于总结经验，多向年龄大的人"取经"，会掌握更多的巧方妙法。

1. 雪球在雪地上越滚越大是因为(　　)的原因。
A 雪球重量　B 雪球体积　C 雪球面积
2. 下列疾病中，哪个可以用雪水治疗？
A 胃病　B 感冒　C 中暑

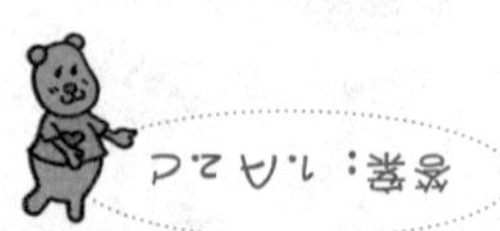

58 为什么卵石都是光溜溜的？

小朋友到海边玩的时候，会发现海滩上的卵石是光溜溜的。其实，不光是海滩上的卵石是光溜溜的，河滩上的卵石也是一样。为什么卵石是光溜溜的呢？原来，这些卵石是在山上的，经过风吹日晒，大石块开始崩裂，变成小块的石头，经过雨水的冲刷，这些小石头就跑到了河、海之中，在水中，小石头尖锐的棱角被长期冲刷、滚动，多年之后，小石头的棱角不见了，表面被磨得又光又圆。所以，我们在生活中看到的卵石都是光溜溜的，你明白了吗？

卵石光滑美丽，有的还带着

美丽的花纹，所以非常受人们的喜爱。现在，公园的许多景点和道路都是用卵石铺成的，卵石也是公园里假山、盆景的填充材料，还有美化环境、保健身体的作用。有些室内装饰也开始采用卵石，如墙壁、家庭浴室、宾馆大堂等，不但铺装方便，还上档次，形成了一道亮丽的风景线。

雨花石

雨花石是花形的石，是石质的花。它形成于距今250万年~150万年前，是一种天然花玛瑙，主要出产于江苏省仪征市境内，其产量约占全国总量的90%，为全国最大的雨花石产地。雨花石的主要特征是“六美”：质美、形美、纹美、色美、呈象美、意境美。

卵石首先经过风吹日晒，变成小石头，然后经过雨水的（　），这些小石头就跑到了河、海之中。

A 灌溉　B 冲刷　C 洗涤

答案：B

59 为什么潜水艇能够沉下去，也能够浮上来？

潜水艇是小朋友们比较关注的军事武器，你知道潜水艇为什么能够沉下去，也能够浮上来吗？

其实道理很简单，不知道你注意没有，一块木头能够很容易地在海上漂浮而不会沉入海底，而一块石头一下子就沉入海底了。其实，这都是浮力的作用。当一个物体的重力小于浮力时，它就能安稳地漂浮在水面或者海面上，否则就会沉下去。潜水艇有两层外壳，在内、外壳之间是水舱，通过水舱的排水和加水调节潜水艇的重量，就可以自由地控

制沉浮了。如果想浮上来，就放掉一些水，如果想沉下去，就加入一些水。

潜水艇在军事方面发挥了巨大的作用，在第一次世界大战的时候，潜水艇成为摧毁敌国的致命武器。

第一艘潜水艇

公元1620年，荷兰物理学家科尼利斯·德雷尔，成功地制造出人类历史上的第一艘潜水艇。这艘潜水艇的船体是木质结构，外面覆盖着涂有油脂的牛皮，船内装有作为压载水舱使用的羊皮囊。下潜时，羊皮囊内灌满水；上浮时，就把羊皮囊内的水挤出去；航行时，就用人力划动木桨而行。

1. 潜水艇有（　）层外壳。

A 两　B 一　C 三

2. 潜水艇通过水舱的排水和加水来调节自身的（　）。

A 体积　B 重量　C 面积

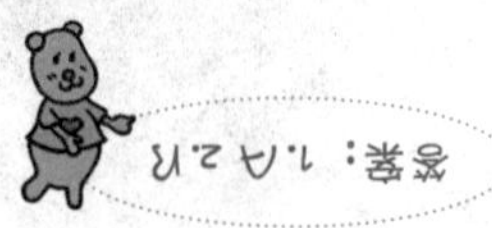

60 为什么不能在电梯里蹦跳、打闹？

电梯是人们上下楼的交通工具。在现代社会中，人们对作为垂直交通工具的电梯已习以为常，且越来越依赖它。

通常在电梯里都设计了防止地震或者比较强震动的设备，当我们在电梯里蹦跳打闹的时候，电梯受到感应就会停止运转，马上停下来。所以在电梯里不要蹦跳打闹。

另外，乘坐电梯的时候，还应该自觉遵守秩序，学会文明操作电梯。不要在电梯内乱按按钮，不要踢门、砸门、撬门或者设法打开门锁，也不要在层门前嬉戏打闹以致撞开层门。在电梯出现故障的时候，要认真听从电梯操作人员的指挥。

如今太空电梯已经被人们所认识，它的主要部件是一根钢缆，一头拴在大洋中的平台上，另一头则连接在3.5万千米高空的卫星上。为了承受超强压力，科学家初步锁定太空电梯的材料为纳米材料。

电梯的由来

原始的“电梯”是人力升降器，现代的电梯是用电力作为动力的升降器。据记载，早在古罗马尼禄王朝就有了升降器，尼禄是个暴君，常常让角斗士和野兽搏斗，利用升降机从地下把角斗士和野兽运送到角斗场去。升降机要用16个奴隶来启动，是用绳子吊拉着木板往上升。

考考你

1. 电梯里都有（　）设备。

A 防震　B 扫描　C 排水

2. 科学家初步锁定太空电梯的材料为（　）。

A 纳米材料　B 金属　C 塑料

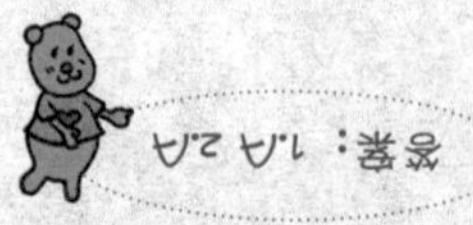

61 为什么看完电视要洗脸？

当今，辐射这个词已经广为人知。看电视的时候，电视屏幕会发出微量的、肉眼看不到的射线，这些射线对人体没有好处。而且电视旁常常会带有少量静电，静电会吸附一些空气中的灰尘，如果我们看电视的时候离电视太近，这些灰尘就会悄悄地跑到我们的脸上。看完电视一定要洗脸，这样可以减少射线的危害和去除灰尘。

不仅是电视，电脑也有辐射，而且相对比电视要强。在电脑日益普及的今天，我们要尽量避免或者减少电脑对身体的辐射。我们要做到：仔细地打扫电脑周围的环境；不要把显示器的后面对着自己的后脑或者身体的侧面；常喝绿茶；勤洗脸；在电脑桌下摆放一盆植物或水，可以吸收电脑所发出的电磁波；尽量使用液晶显示器。

辐　射

自然界中的一切物体，只要温度在绝对温度零度以上，都以电磁波的形式时刻不停地向外传送热量，这种传送能量的方式就称为辐射。

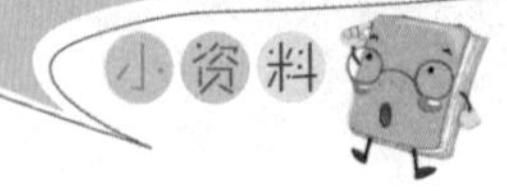

不管是什么电器，通电后都有一定的（　　）。

A 能源　B 屏幕　C 辐射

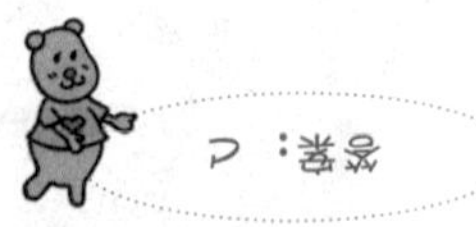

62 为什么吹出的肥皂泡是圆的？

吹出的肥皂泡是圆的，而不是方的或者其他形状。这个问题涉及到很深的物理概念，小朋友们在不断地学习之后慢慢就会明白了。在这里简要说明一下，我们知道，吹出的泡泡其实是一定厚度的水，它与空气接触的表面有尽量缩小面积的性质。而在自然界中相同体积的方形、三角形、多边形等许多形体中只有球形的表面积最小。因此，吹出的肥皂泡在空中就会保持球形或椭圆形。

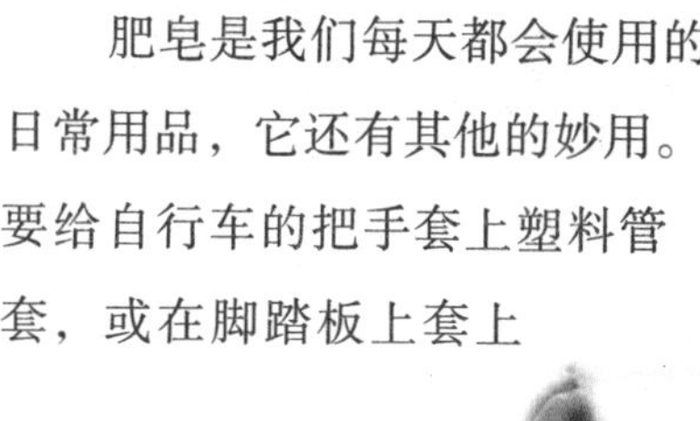

肥皂是我们每天都会使用的日常用品，它还有其他的妙用。要给自行车的把手套上塑料管套，或在脚踏板上套上

橡胶护套，都是很费劲的事。但如果在把手处或橡胶套内，用肥皂蘸水涂一下，即可起到润滑作用，套入时比较省力。手表金属壳上用肥皂涂后，再用布擦拭干净，可防止汗液侵蚀。

如何吹出又大又漂亮的泡泡？

采用橄榄油或杏仁油肥皂可以吹制出又大又漂亮的肥皂泡。把一小块这种肥皂小心地放在清洁的冷水里溶化，最好用洁净的雨水或雪水，如果没有的话，至少也得用冷却了的开水。如果想使吹出的泡泡能够耐久，还得在肥皂液里加上 1／3 的甘油。

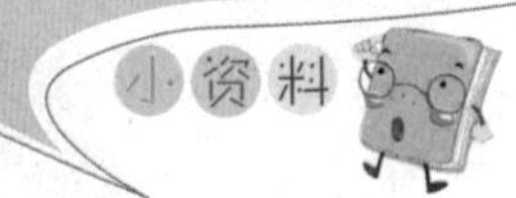

1. 吹出的肥皂泡在空气中最容易保持（　）形状。

A 方形　B 三角形

C 圆形或椭圆形

2. 手表金属壳上用（　）涂后，再用布擦拭干净，可防止汗液侵蚀。

A 肥皂　B 机油　C 黄油

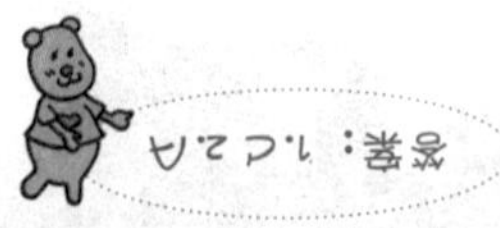

63 为什么滑冰要穿冰鞋？

北方的冬季，经常可以看到大人、小孩穿着冰鞋在冰上尽情地滑着。为什么滑冰一定要穿冰鞋呢？我们知道，冰鞋也叫冰刀，冰鞋上面像皮靴，下面装有冰刀。因为冰刀的刀刃很窄，与冰接触的部分很少，可以把滑冰的阻力减到最小的范围，而金属刀刃给冰的力也很小，这样滑冰的速度就会很快了。

除了滑冰之外，滑雪也是一项既浪漫又刺激的体育运动。滑雪运动从所处地理条件来说可分为越野滑雪和高山滑雪两大类。越

野滑雪起源于北欧的挪威，主要是在平原或地形起伏不大的丘陵地带开展。高山滑雪起源于欧洲的阿尔卑斯山区，所以也称阿尔卑斯滑雪，主要是在地形起伏较大的山区开展这项活动。就娱乐性、刺激性来说，高山滑雪对人们的吸引力更大，从事高山滑雪运动的人数也更多。

冬天运动应该注意什么？

首先，应该注意保暖，防止受凉。刚刚做完运动时虽然感觉不到寒冷，但冷空气很容易刺激身体，应该及时穿上外衣。其次，做好充分的准备活动。天气冷，血管收缩，血液循环不畅，猛一发力容易造成肌肉拉伤、韧带撕裂甚至骨折。

考考你

1. 冰刀刀刃很窄，减小了滑冰的（　）。

A 阻力　B 拉力　C 重力

2. 滑雪运动可以分为（　）和（　）两大类。

A 越野滑雪　高山滑雪

B 高山滑雪　花样滑雪

C 花样滑雪　越野滑雪

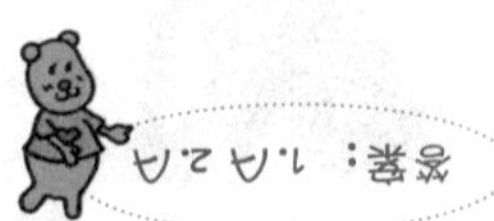

64　电话铃能响是怎么回事？

不知道你注意没有，每个电话机上都连接着一根电线，这根电线叫做电话线。电话线的主要作用就是传送电话信号，它一直接到电话局。电话局有很多机器和仪表在工作，只要你拿起话筒，电话局就知道了，在你拨出号码后，电话局就把你的号码和你拨的号码的电话线路接在一起。所以，这边拨号，那边铃就响。

还有让我们非常疑惑的事情是，为什么我们能够从电话里听到声音呢？因为人们在说话时发出声波，声波的振动引起话筒里的一个小薄片振动，这个小薄片的振动产生了一会儿通、一会儿断的电流。电流沿着电话线传到接电话人的话筒，又转变成声音传出

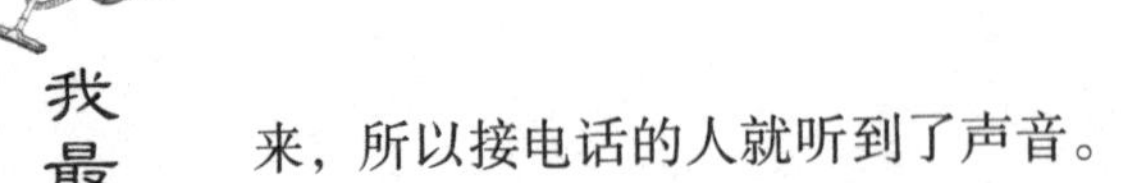

来，所以接电话的人就听到了声音。

通过上面的介绍，你明白了电话中的奥秘吗？

移动电话

移动电话是一种无线电话。乘车、行走的过程中我们都可以很方便地用无线电话来通话。无线电话的通信过程是通过无线电波来传送的，许多无线电波覆盖的区域组成移动通信网。每一个区域有一个基站，用来接收、传递信号。

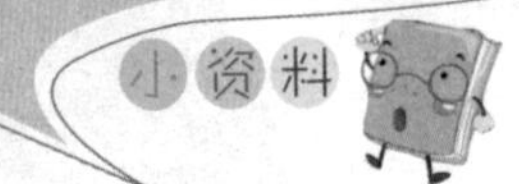

考考你

人们在说话时发出（　）振动，引起话筒里的一个小薄片振动。

A 声波　B 频率　C 水波

答案：A

65 为什么房屋的朝向坐北朝南好？

简单地说，房屋的朝向坐北朝南好是因为我们身处在地球的北半部。细心的小朋友可以发现，坐北朝南的房子比坐南朝北的房子暖和。为什么呢？冬天来的时候，太阳从南边斜射过来，充满阳光的房屋自然就会比朝北的房屋暖和；冬天经常刮西北风，朝南的房子可以轻易地躲过西北风的侵袭。夏天，太阳晒得我们难以忍受，东南风的吹来让我们感觉倍加凉爽。所以我们的房屋通常建成坐北朝南的。

除了让房间可以充分得到太阳的照射，还要做好室内的通风。空气的流动，必须要有动力。利用机械能驱动空气（如鼓风机、电扇），称为机械通风；利用自然因素形成的

空气流动，称为自然通风。

在建筑中，房间的通风相当重要，因为可以借助于通风排除房间内滞留的余热、湿气、烟尘、气味等，保持室内空气应有的洁净度。

为什么盖房子要打地基？

打地基是为了房子牢固，因为地表土壤比较松软，不打地基就会发生不同程度的沉降，导致房屋墙体开裂和垮塌现象。而且，房子越高重力越大，要求地基的承载力也越大。当楼房遭遇地震的时候，地基的作用是非常重要的。

1. 空气的流动，必须要有（　）。

A 太阳　B 动力　C 阻力

2. 利用自然因素形成的空气流动，称为（　）。

A 自然通风　B 机械通风

C 不知道

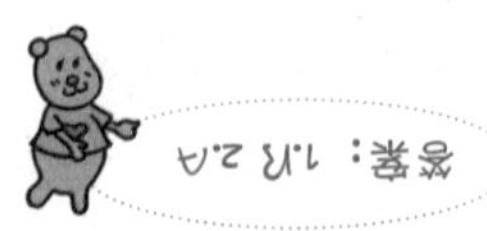

66 为什么有的人会晕船晕车？

我们在坐车去旅行的时候，有的人会发生晕车，也有的人坐船的时候会晕船。这究竟是怎么回事呢？

其实这是人体在过度摇晃的情况下发生的生理反应。每一个人体内都有一个平衡感受器来维持自身的平衡，当身体位置发生过分摇晃和变化时，这个平衡器就会把获取到的信息报告给大脑司令部，大脑综合获取的信息开始对人体进行调节来保

持人体的正常生活运动。但如果人的平衡感受器十分敏感时，大脑来不及调整就会发生一些反应，比如说晕车晕船，不停地出汗、呕吐、心跳加快等症状随即出现。晕车晕船的人可以在乘坐交通工具前半个小时服下晕车药，旅途过程中就会舒服一些。

另外，将新鲜橘皮表面朝外，向内对折，然后对准两鼻孔用两手指挤压，皮中便会喷射出带芳香味的油雾，乘车途中随时吸闻也有治疗晕车的效果。

为什么蹲久了站起来会晕？

大脑需要血液来营养，才能正常工作。因为大脑的位置在人体最高处，需要最高的血压才能把血液传送到大脑，当人长时间蹲在地上时，心脏就不需要那么大的压力来给大脑供血了，当突然站起来的时候，大脑会出现暂时缺血，眼睛看不清东西的现象。

晕船晕车是人体在（　　）的情况下发生的生理反应。

A 过度摇晃　B 平躺　C 走路

67 为什么废报纸有多种用途？

你知道我们生活中的废报纸都跑到哪里去了吗？好多废报纸都被回收到造纸厂重新制造成再生纸浆。其实，随着科技的进步和能源再回收利用的要求，人们已经找到废报纸的更多用途。

首先，废报纸可以改良土壤。美国土壤学家爱德华兹将废报纸和鸡粪按 4∶1 的比例混合，犁入寸草不长的硬质土中，再浇入适量的水，存在于鸡粪中的基肥细菌在适宜的条件下会使纸屑蓬松，纤维变质，不到 3 个月，土壤就变得松软异常，非常适合牧草、大豆和棉花等作物的生长。

其次，废报纸可以生产饲料。美国科学家将废报纸切碎，加入水和浓度为 2% 的稀盐酸煮沸 2 小时，

这时纤维素发生断裂，逐步形成动物能够吸收的各种单糖类混合物。这位科学家在牛羊的饲料中掺入 20% ~ 40% 的单糖类混合物，牛羊吃得津津有味，消化良好。

造纸术

造纸术是我国古代“四大发明”之一。现存世界上最早的植物纤维纸是西汉时期（公元前 2 世纪）的“灞桥纸”，不便书写。东汉时期，蔡伦改进了造纸术，称为“蔡侯纸”，采用了破布、旧麻、树皮等原料，提高了纸张的生产效率和质量。

美国利用废报纸（　）。

A 写字　B 擦桌子　C 改良土壤

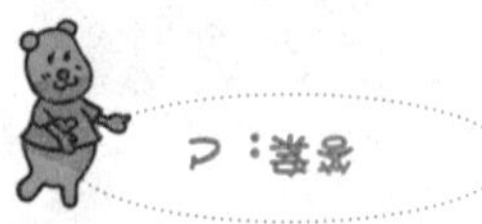

68 为什么有些衣服会缩水？

有些衣服在洗过之后，会变小变紧，这是我们日常生活中很头疼的一件事。为什么有些衣服会缩水呢？

主要有两方面的原因导致衣服缩水，一是衣服的原材料，如羊毛织物比较容易

缩水，而且缩水后不容易恢复，所以洗羊毛织物时应尽量干洗，如果用水洗要适当加入一些防缩水用的洗涤剂；棉布和人造棉布也容易缩水，因为棉布里面富含植物纤维，植物纤维有很强的亲水性，一遇到水，棉布衣服就会疯狂地吸水，干了之后，衣服横向增大，长度缩短；化纤类衣服一般不容易缩水。二是工厂的原因。织物在纺丝、织布、印染等过程中，其纤维、纱线受到一系列的机械

拉伸和压缩作用，从而产生变形。这种变形在干燥状态下还是比较稳定的，而在洗涤过程中，就会产生缩水现象。

牛仔裤起源

牛仔裤是从19世纪50年代开始在美国西部出现的，最初是为淘金工人所发明的服装。当时淘金工所穿的衣服皆为一般棉布制成的，较易磨损。经过不断地探索，最终采用了斜纹粗棉布，这是一种不变色靛蓝染料织成的强韧棉布，用这种棉布制作服装穿起来更舒服。

下列哪些布料容易缩水（　）？

A 棉布　B 化纤布　C 涤纶

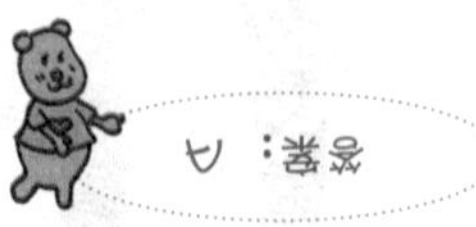

69　为什么城市气温高于郊外？

我们都有这样的感觉，城市的气温高于郊外。这是因为城市建筑林立，而且十分高大，风很难在城市里有所作为；下雨的时候，水顺着下水道流走，所以湿度很低，气温也就升高了；城市大多都是柏油或者水泥路面，太阳直射到公路上，热量不会散去，地面的温度就会比郊外的泥土地高好几度。

另外，城市工厂、人口众多，产生的热量也多。城市特殊的地表使它吸收阳光的热量要大于土壤，而且日益普及的空调等电器设备、数以百万的汽车以及各种人为的热量，也因此而被超量吸收。同时，晚间工

厂排出的大量烟尘微粒和二氧化碳，如同被子一样阻碍了城市热量的扩散。城市的高温会使人们工作的效率降低，而且中暑人数增加，还会导致火灾多发。

综合以上多方面原因，城市的气温会高于郊外。你明白了吗？

什么是沙尘暴？

沙尘暴作为一种高强度风沙灾害，并不是在所有有风的地方都能发生，只有在那些气候干旱、植被稀疏的地区，才有可能发生沙尘暴。每年的春天，北京等一些北方城市都容易遭遇沙尘暴。

1. 城市气温（　）于郊外。

A 高　B 低　C 不知道

2. 北京在春天的时候会遭遇（　）。

A 冰雹　B 洪水　C 沙尘暴

70　为什么海边的空气特别清新？

在海边玩耍的时候，你会发现海边的空气格外清新。为什么呢？这都是空气负离子的作用。空气负离子，是在空气中存在的一种电荷，只要有空气就有负离子。负离子的作用十分强大，一是它能增加肺活量，改善换气功能；二是它能抑制细菌的生长繁殖；三是它能增加血液中血红蛋白的含量，让人的精神为之一振。通常情况下，负离子在空气中的含量为：海边每立方厘米达 10000 个，公共场所每立方厘米有 10 ~ 20 个，公园有 100 ~ 200 个，室内有 45 ~ 50 个。

此外，海边的空气还有利于身体的健康，从海洋吹来的风中富含来自咸水的碘、钠等矿物质。碘可以控制身体的新陈代谢，适量的钠有助于调节血压，而且，海洋在净化大气方面也发挥了很大的作用。

海水为什么有涨有落？

海水水面有时候特别高，有时候很低，每天都有两次涨落。海水这种有规律的涨落叫做潮汐。这是地球受太阳和月亮共同作用的结果，而地球在转动的过程中又会产生离心力，其合力就是产生潮汐的力量。

海边的空气特别清新主要得宜于空气中的（　　）。

A 负离子　B 阳离子　C 电荷

71 为什么要谨防污染食品入口？

谨防污染食品入口，因为吃了污染食品对人体非常有害，有些污染食品吃了之后能够马上发生反应，引起拉肚子、呕吐等症状；有些污染食品吃了之后会感觉不到它的危害，而在我们的体内形成大量的化学残留，慢慢地会引发癌症等致命性疾病。

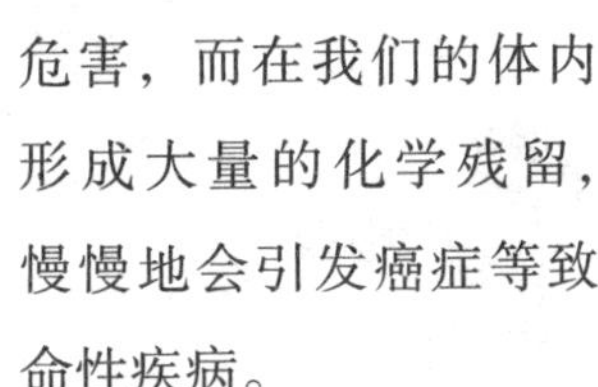

食品究竟是怎么被污染的呢？首先，像花生、玉米之类的食品如果放得太久，加上高温、潮湿的环境，就会发霉，霉中便含有致癌的黄曲霉素，所以发霉的东西不能吃；其次，食品受到环境污染，如排放在

空中的工厂废气会影响动植物的发育，并使其中的有益物质变成有害物质；再有，农药的污染，好多蔬菜中都有农药残留，我们在吃的时候一定要多浸泡，然后再食用。另外，在生活中要多食用绿色食品。

电也会污染环境

电是我们生活中不可缺少的重要能源，但是电也会造成环境污染。电的污染主要来自电压的变化，电厂向外传输电的时候都是采用高压输电，在用电的高峰期会降压供电，反之，用电的低峰期会使电压升高。

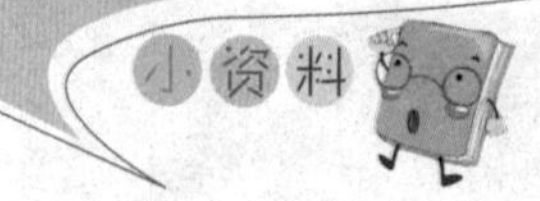

考考你

好多蔬菜中都有（　　）残留，我们在吃的时候一定要多浸泡，然后再食用。

A 灰尘　B 垃圾　C 农药

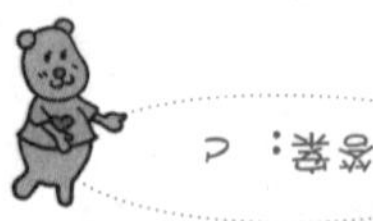

72　为什么说都市早晨的空气最污浊？

很多人都有晨练的习惯，因为他们认为早上的空气清新，有益于健康。其实，这种想法是错误的，让我们首先了解一下什么是清新空气吧。所谓清新空气，是指空气中所含污染物质的比重不大，对人体不能造成伤害的空气。

在我们居住的城市中，高楼和烟囱林立，废气和污染物弥漫在空中，经过一夜之后，地面逐渐变冷。这样以来，就形成一个上热下冷的逆温层，紧紧包围着城市。此时，工厂及车辆产生的废气，无法扩散到高空去，只能徘徊在半空中。因此，在都

市的早晨常常弥漫着烟雾，所以早晨的锻炼不能太早，最好选择上午10点到下午3点之间进行。

一日之计在于晨

俗话说：“一年之计在于春，一日之计在于晨。”春天的时候，人们把一年的计划准备好，这样才能在这一年有个好的收成。清晨，人们的头脑清醒、精力充沛，更适合学习，为一天做好准备。

考考你

所谓清新空气，是指空气中所含（　）的比重不大，对人体不能造成伤害的空气。

A 氧气　B 二氧化碳　C 污染物质

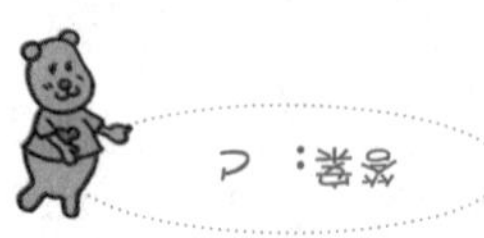

73 什么是噪音污染？

噪音，指在一定环境中不应有而有的声音，泛指嘈杂、刺耳的声音。所谓噪音污染就是受到噪音的影响，人们身体感到不适或者烦躁不已。声音是用分贝计量的，如果一个人长期处于90分贝以上的声音环境中，身体健康将严重受损。

为了表示声音的强弱程度，人们引入了“声强”的概念，并用1秒钟内垂直穿过单位面积的声能多少来量度它的大小。声强用字母“I”表示，它的单位是“瓦/米^2”。根据规定可知，如果1秒钟内垂直穿过单位面积的声能加倍，那么声强的值也变为原来的2倍。所以说声强是不随人们感觉而转移的客观物理量。

为了符合人们对声音强弱的主观感觉，物理学里又引入了“声强级”的概念，分贝就是声强级的一个单位。

奇怪的回声

当我们站在高山上向对面的山大声喊话时，就会听到自己的声音又被传回来了。因为，当声音投射到与声源有一定距离的大面积物体上时，声能的一部分就会反射回来。如果两者之间的时间间隔超过1/10秒，则能分辨出两个声音。

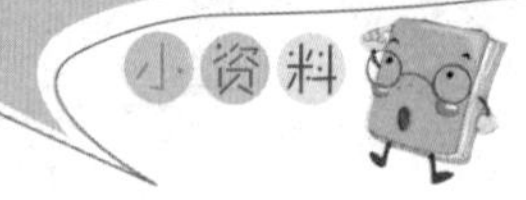

1.（　）是一个“声强级”单位。

A 分贝　B 声强　C 压强

2. 如果一个人长期处于（　）分贝以上的声音环境中，身体健康就会受到损害。

A 80　B 90　C 100

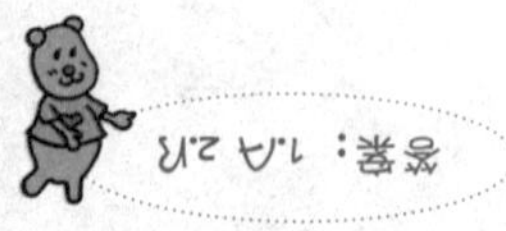

74　为什么乘火车睡卧铺时头应朝过道？

我们在坐火车的时候，有些人为了安静喜欢把头朝窗口休息。这种休息方法是非常错误的，因为头朝窗口睡，正好枕在车轮的方向，车轮与钢轨之间产生的撞击会沿着车厢壁向上传导，其震动力相对比过道一侧要大得多，如果这种震动波及大脑，将对人体产生极大伤害。另外受离心力的影响，列车在弯道行驶的时候，头朝窗口休息容易造成碰撞，引起不必要的伤害。所以平时我们在睡卧铺的时候，尽量不要头朝窗口一侧休息。

在选择卧铺的时候，一般有上、中、下三种，上铺在火车的行进过程中会有颠簸之感，所以中、下铺较好。漫长的旅途，有一个舒适的休息环境能帮助我们减轻旅途的劳累。所以，选择合适的卧铺，采用正确的休息方法是很重要的。

睡觉头朝哪个方向好？

最常见的理论是睡觉过程中人体应当头朝北，脚冲南，和地球磁力线方向一致。因为，如果人的睡眠方向与地球磁力线方向垂直，地球磁场会影响人体生物电流。人体为达到新的平衡状态，就必须消耗大量的热能来提高代谢能力，睡眠自然会受到干扰。

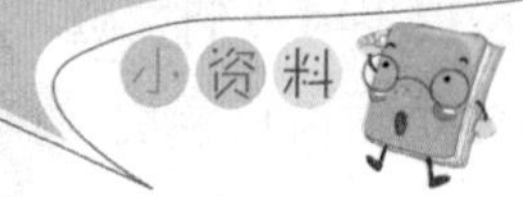

平时我们乘火车睡卧铺的时候，尽量不要头朝（　）休息。

A 窗口　B 过道　C 侧面

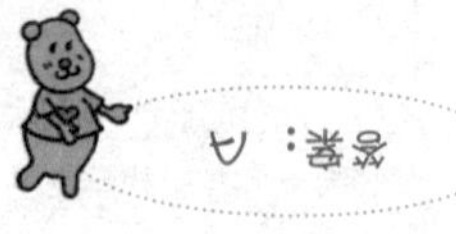

75　为什么高速公路与普通公路有许多不同？

当你坐车在高速公路上行驶时，你会发现高速公路与普通公路有许多不同。

首先是高速公路两旁不栽树，因为如果在高速公路两侧栽树，虽然可以遮挡阳光、保护路基，但是路面会因此变暗，树木还会阻挡司机的视线，很难看清远处路面的情况。

其次是高速公路是弯曲的，这是为什么呢？因为笔直的高速公路容易让司机感到视觉疲劳，注意力很难集中。曲折和拐弯就能解决这个问题，司机每逢拐弯处精神都能振作起来，减少疲劳感。

再一个不同是高速公路上没有路灯。高速公路上如果安装路灯，路面反光很强，会使司机感到晃眼，影响行车的安全。那

司机怎样在行进中明辨方向呢？在高速公路两侧每隔一定距离安置一小块反光板，当车灯照到反光板表面时，玻璃微珠就会把光线反射回来，不过它们不会晃司机的眼，车一过去，后面又变成漆黑一片了。

路　基

铁路和公路都有路基，就是路的基础，它要承受车辆的重量，有了它，车辆在上面行驶才更平稳、更安全。

1. 高速公路两侧栽树路面会变得很暗，阻挡了司机的（　）。

A 视线　B 听力　C 注意力

2. 为了让司机在高速公路上明确方向，路两侧隔一段距离就会安置一小块（　）。

A 路灯　B 指示牌　C 反光板

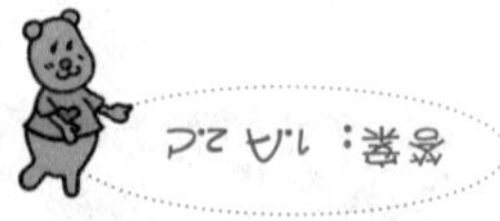

76 为什么火车到站后，工人要用锤子在车下敲打？

火车已经成为运送旅客和货物的必不可少的交通运输工具。它不仅运载量比较大，而且方便快捷，对环境的破坏也很小。一辆列车所载的乘客量相当于200多辆汽车所载的人数，因此，它已经成为人们出行的首选方式。

火车到站后，我们可以看到工人叔叔拿着锤子在车下不停地敲打。工人叔叔这样做的目的和人们用手指敲西瓜听声音的道理是一样的。火车经过长时间的旅途，难免会出现一些小毛病，如何才能发现故障呢？工人们借助锤子一面敲打着，一面可以从发出的各种声音中，听出哪儿的螺丝松动了，哪儿的零件该更换了，以便及时加以修理，保证火车继续安全

行驶。如果工人们不及时对火车进行检查和维修，火车在行进当中就可能会出现危险，如果在旅途中停下来修理，又会造成运行线路的瘫痪，影响其他列车的运行。

你知道火车车次前面的字母是什么意思吗？

带T字头的火车表示特快列车，带K字头的火车表示快速列车，带Z字头的火车表示直达列车，带L字头的火车表示临时列车，带Y字头的火车表示临时旅游列车，前面没有字母的表示普通列车。

1. 直达列车的车次前面字母是（　　）。

A T　B K　C Z

2.T91 次列车表示（　　）。

A 特快列车　B 直达列车

C 普通列车

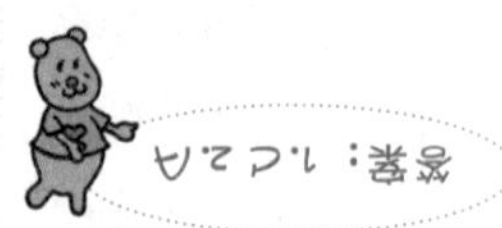

77 为什么工厂的烟囱要建得很高很高？

我们路过工厂的时候，会看到工厂里面的烟囱很高很高，为什么工厂要把烟囱建得那么高呢？在得到这个答案之前，我们先要了解空气的特

点：当空气靠近地面的时候，流动速度会比较慢，压力大；在高空的时候，空气流动的速度特别快，相对压力就小了很多。并且，热空气会上升，烟囱越高，热空气上升的过程中吸入空气的量就越大，仿佛是一个巨大的鼓风机。所以我们看到高高的烟囱上面，经过锅炉燃烧后的热气能够马上从烟囱中跑出来，空气流动速度越快，火炉中的火烧得就越旺，工厂的工作效率就越高。

由于工厂里排除的废气中有许多有害的

气体，如果烟囱建得太低就会散发到地面表层，会对环境造成严重污染。而在高空中排放有害气体，可以迅速飘散开来，减少对居民身体健康的危害。

压力现象

我们的生活与压力息息相关，比如跳水运动员对跳板的垂直压力作用于跳板，跳板向下弯曲，跳板给运动员的反作用使他弹起；压路机垂直压在路面上，让路面平整。这都是压力现象。

1. 高空中空气流动速度（　）。

A 特别慢　B 特别快

C 与靠近地面一样

2. 高空中空气压力（　）。

A 较小　B 较大　C 与靠近地面一样

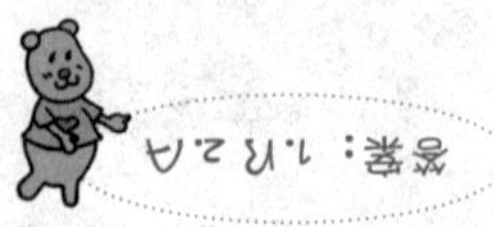

78　为什么拖拉机的前后轮子不一样大？

在广阔的田野上，我们看到农民伯伯开着拖拉机在辛勤地工作。拖拉机主要可以帮助农民们耕种田地，节省人力，提高工作效率。只要我们仔细观察就会发现，拖拉机的前后轮子不一样大，这是为什么呢？因为田地里的土特别疏松，而且往往高低不平，让前轮小一些，可以减小田地对轮子的阻力，开起来比较灵活。而且前面的两个轮子是方向轮，有利于司机掌握方向。后轮大是因为拖拉机后面通常要拉一些较重的东西和机器，轮子宽大，与地面接触面积大，不容易陷进地里或泥坑里。

由于田地里的土壤含水量比较高，

糊状土壤会使轮子粘泥、打滑，所以拖拉机的轮子都使用防滑轮。拖拉机在田地里工作的时候，要求根据不同的土壤选择合理的田间行走方式，尽量减少拖拉机转弯的次数和在田地间不断地转移等空驶的时间。

中国第一台拖拉机是在哪里诞生的？

1957年2月16日，第一台国产30马力的单缸轮式拖拉机——“鸭绿江”号在丹东市安东机械厂诞生。1958年7月20日，中国第一台拖拉机从第一拖拉机制造厂诞生，型号为东方红—54号。

考考你

第一台单缸轮式拖拉机在（　　）市安东机械厂诞生。

A 丹东　B 沈阳　C 长春

答案：A

79 为什么推土机要安装履带？

我们知道，推土机的主要作用就是推动大堆的土块，节省大量的人力。但是为什么推土机要安装履带呢？大家通常见到的机动车都是依靠四个轮子工作，车轮与地面的接触面积很小，阻力也小，这样行驶起来速度比较快。而推土机不一样，它要推动很大很重的土堆，因此要增加自身的重量，增加轮子与地面的摩擦力，安装履带就可以解决这个问题。履带与地面的接触面积增大，阻力变大，推土机自身的重量就相对的增大了，这样推动土堆

就是一件很轻松的事情了。

我们在推东西的时候，如果是穿着四个轮子的旱冰鞋，而不是穿运动鞋，那么我们能够推动东西吗？可能不小心还会摔一跤。这和推土机不用四个轮子推土的道理是一样的，只有增加阻力，增大轮子与地面的摩擦力，才能很轻松地推动很重的土块。

坦克都有哪些类型？

一般分为战斗坦克和特种坦克。战斗坦克又分为：超轻型、轻型、中型、重型、超重型坦克（其中中型和重型是主战坦克）。特种坦克又分为：水陆、侦查、空降、指挥、架桥、扫雷、喷火、工程、抢救、防空等坦克。

推土机安装履带是为了增加轮子与地面的（　）。

A 摩擦力　B 重力　C 向心力

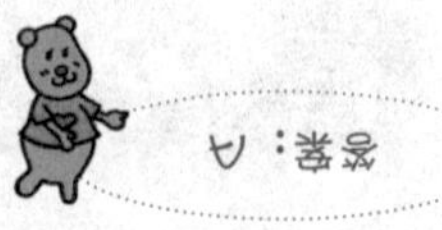

80 为什么汽车在爬坡时开得很慢？

这就像人上下楼一样，下楼时非常轻松，毫不费劲，但是上楼时却很吃力，常常累得上气不接下气。汽车也是这样，爬坡的时候，开得很慢，而下坡的时候司机不用踩油门就可以轻松地行驶。究竟是什么原因导致了这样的结果呢？

这都是地球引力的影响。地球对周围的物体产生着强大的吸引力，正因为有了吸引力，物体才有了重量。我们都知道，树上成熟的苹果会落在地上，正是受到了地球万有引力的作用。如果没有地球引力，所有的东西将在天空中飘浮，一切都仿佛失去了重量。受引力的影响，不管我们是在上坡还是上楼的时候，总感觉有什么东西在后面拉着一样。在

遇到坡度很大的时候，汽车爬起来更费劲，甚至爬不上去。

地球上所有的东西都被地球的引力牢牢地吸在地面上，正是因为有引力的存在人类才能够在地球上生活。

万有引力

1687年，牛顿发表了万有引力定律，即自然界中的任何两个物体之间都存在一种相互的引力，称为万有引力。

考考你

汽车在爬坡的时候开得很慢是因为受到（　　）的影响。

A 地球引力　B 重力　C 浮力

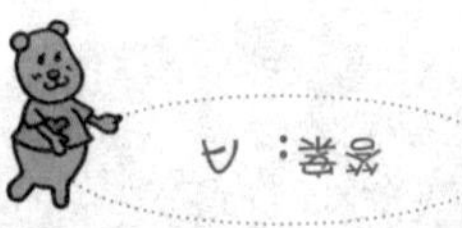

81 为什么把车胎放在水里才能检查是否漏气？

最早制作出的自行车有点像木马玩具，车架子和车轮都是用木头做成的，骑在路上颠簸得很厉害，震得人疼痛难忍，人们给它取外号叫“震骨器”。后来，人们从橡皮管得到启发才有了现在的轮胎，可是车胎经常会被一些坚硬的物体扎破，应该怎样修补呢？

空气是无色无味的，人的眼睛看不见也摸不着。车胎被小钉子扎破之后就会漏气，可是漏气的地方是很小的眼儿，仅仅靠我们的眼睛是很难找到的。这时候，我们需要用水来帮忙找到漏气的小眼儿。

把车胎卸下来，给车胎打足气，然后放进水里检查车胎漏气的情况，凡有漏气的地方就会产生一串串的气泡。顺着气泡，

我们就能很方便地找到漏气之处了。最后，对漏气的地方进行黏合，车子又可以骑了。

所以，我们看到修自行车的地方，摊位旁总是有一盆水，自然也就不奇怪了。

为什么轮胎上面有花纹？

其实不仅是轮胎上面有花纹，我们的鞋底也有花纹，你注意到了吗？如果我们鞋底的花纹磨平了，走起路来就比较滑。汽车和鞋底是一个道理，有了花纹就可以增加与地面的摩擦力，防止打滑。

1. 漏气的车胎放在水里，漏气的地方会（　）。

A 产生气泡　B 没有反应　C 爆炸

2. 轮胎上面有花纹是为了增加轮胎与地面的（　）。

A 摩擦力　B 重力　C 推力

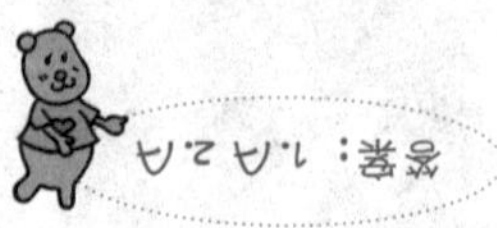

82　刹车时人为什么会向前冲？

刹车时人会往前冲是因为“惯性”的作用。惯性是物理学中的基本概念之一，是指物体在不受外力作用的时候，保持原来的运动状态。它是一切物体都固有的属性，一切物体都具有惯性。一个物体，只要不受外力作用，原来静止的就会一直静止下去，而原来运动的则会一直运动着。

汽车急刹车后，人会依然保持向前运动的状态，所以就会出现向前冲的现象。同样道理，车在向左转弯的时候，人会向右歪，车向右转弯的时候，人就会向左歪。

你一定有过这样的经历。乘坐公交车的时候，车不停地向前行驶，

如果汽车遇到了意外的情况紧急刹车，身体就会向汽车行驶的方向倾斜，甚至会跌倒，这都是由于惯性的作用引起的。

为什么开车时司机要系上安全带？

司机系安全带正是基于“惯性”的考虑，如果司机在遇到急刹车或者急转弯时没有系安全带，是很容易受伤的。所以为了保护司机的人身安全，司机在开车的时候一定要系上安全带。不仅仅是司机，乘客也要有系安全带的意识，没有安全带也要抓紧扶手。

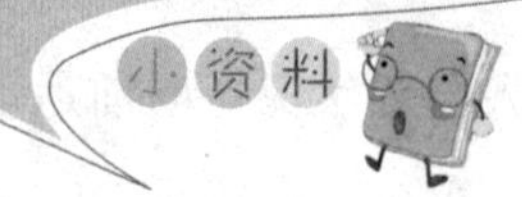

1. 刹车时人往前冲是因为（　）的作用。

A 重力　B 惯性　C 注意力不集中

2. 我们在坐车的时候，为了防止惯性的影响，要系上（　）。

A 安全带　B 红领巾　C 鞋带

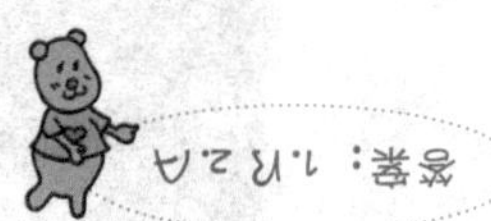

83 火车票剪后有什么用？

乘坐火车的时候，每一位乘客都要在剪票口接受管理人员剪票后才可以上车，为什么一定要剪票之后才能上车呢？

其实，剪票有三个方面的作用：

第一，管理人员剪票的主要目的是为了检查乘客是否已经购买车票。这是铁路计划运输的需要，而且管理人员需要准确统计各趟列车的客流去向，为今后运行安排做好准备。

第二，剪票还有另外一个重要作用，通过剪票口剪过的车票，就是一张保险凭证。铁道部规定，从剪票后开始，到乘客出站为止，这段时间内乘客在列车上发生的意外伤害都有保险，如果中途离站，保险无效。

这是一种强制性的保险，旅客在火车上受到意外伤害，都会按照有关的保险条款进行赔偿。

第三，剪票有一个客观作用，即让乘客按照先后顺序有秩序地进站，可以避免拥挤现象的产生。

日本的新干线列车速度快吗？

日本第一条新干线建成于1964年，其安全运营的最高时速达210公里。在当时被称为是陆地上跑得最快的交通工具。当今中国上海的磁悬浮列车已经超过了新干线的速度，以每小时430公里的速度入选吉尼斯世界纪录，上海磁悬浮列车成为世界上商业运营列车的"速跑冠军"。

1. 火车票不仅是上车的凭证，而且火车票也是一张（　）单。

A 保险　B 税　C 汇款

2. 世界上最快的列车是（　）的磁悬浮列车。

A 东京　B 巴黎　C 上海

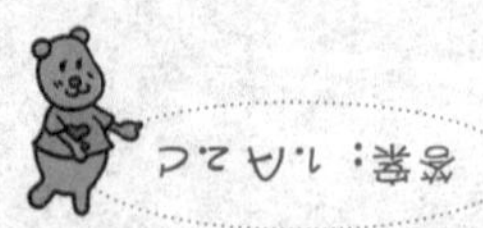

84　为什么一个人走长路吃力，两个人边谈边走就不吃力了？

一个人走路的时候，手脚机械地、不假思索地摇摆着，一次又一次，重复再重复，显得单调、刻板，大脑皮层在这种机械乏味的运动中受到抑制，兴奋活动大大降低，走一会儿路就会感觉比较乏力，好像走不动了。如果走长路的时候有个伴，两个人边走边谈，不一会儿就走到终点了。两个人一起结伴行走，大脑皮层随着两个人的交谈开始兴奋，兴奋能鼓起人们的精神，因此，两个人边谈边走就感觉不那么吃力了。

大脑皮层是大脑半球表面的一层

灰质，平均厚度为 2 ~ 3 毫米。皮层表面有许多凹陷的“沟”和隆起的“回”。成人大脑皮层的总面积，可达 2200 平方厘米。大脑皮层有 140 亿个左右的神经元，主要是锥体细胞、星状细胞及梭形细胞。

大脑是人体的“司令部”

人体的器官复杂而精密，却能够十分协调地工作，那都是大脑的功劳，大脑就是人体的司令部。大脑分为左、右两部分，分别称为左、右大脑半球。右大脑半球管理左侧身体，而左大脑半球管理右侧身体。

考考你

1. 两个人一起结伴行走，大脑皮层随着两个人的交谈开始（　　）。

A 衰弱　B 低落　C 兴奋

2. 大脑皮层是大脑半球表面的一层（　　）。

A 灰质　B 物质　C 肌肉

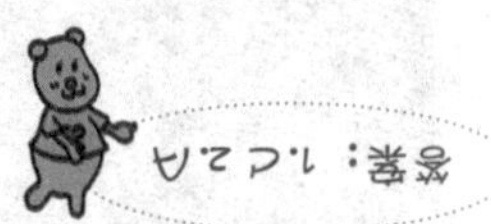

85 山上的公路为什么是螺旋形的盘山道？

有些人觉得从山顶到山底修一条笔直的公路不是更好吗？让我们看看这样修好不好，如果这样修公路，势必坡度很大，从而使车辆下滑的力超过轮子对公路路面的附着力，会造成严重的交通事故，所以这种方法是行不通的。

走路、骑自行车或驾驶汽车从低处往高处走，比在平地上走吃力很多，而且爬陡坡要比爬缓坡费力。为了上山时省力，所采取的方法是让坡度大的斜坡，变得坡度小些。因为斜面的长度和高度之比，正好是省力的倍数。

只要把坡度减小了，那么不管是用脚走上去，骑自行车上去，还是开汽车上去，都会有一种省力的感觉。

让公路在山坡上像螺旋一样盘上去，能大大降低公路的坡度，这样行驶起来比较安全，汽车上山也更容易了。

梯　田

世界上许多地区都有梯田，沿着陡峭的山坡开辟的一级一级的农田，就像是为巨人登天而建造的台阶。梯田的边缘筑有田埂，可以防止水土流失，以便种植各种农作物。

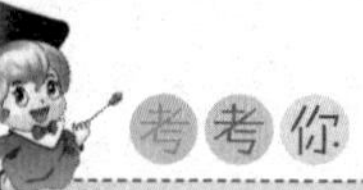

山上的公路像螺旋一样盘上去，能大大降低公路的（　　）。

A 坡度　B 角度　C 弯度

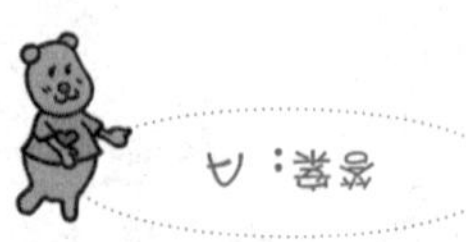

86 喝酒之后为什么脸会红?

有的人只要一喝酒，脸就会红，这是什么原因呢?

酒的主要成分是酒精，学名叫做乙醇，它能使脑部和皮肤血管的紧张程度降低，也就是使毛细血管扩张，血液流到皮肤中去，出现充血现象。喝酒之后这种感觉更为明显，人体脸部皮肤比较薄，皮下血管也较丰富，皮肤一充血，就会面红耳赤了。

酒精一部分可以随尿、汗、呼吸排出，大部分在肝脏进行代谢。在这一代谢过程中，人体内的乙醇脱氢酶和乙醛脱氢酶起了很大作用。如果身体中这两种酶含量多，那么分解酒精的速度就快，也就是俗话说的“酒量大”。

如果这两种酶的含量少，分解酒精的速度就慢。喝了酒面部容易变红的人大多属于酶含量低的人，并不代表能喝酒，千万不要误以为自己能喝，否则会影响肝脏的功能。

酶

酶是由蛋白质组成，具有蛋白质的性质。它的作用是加速有机体内的化学变化，如可以促进体内的氧化作用、消化作用、发酵等。

酒的主要成分是酒精，学名叫做（　　）。

A 乙醚　B 乙醇　C 甲醇

答案：B

87　熨烫衣服时为什么要喷水？

为了使衣服更平整，人们总是在衣服上洒些水再熨烫。为什么洒水呢？因为电熨斗只有在潮湿的衣服上才能产生蒸汽，蒸汽使衣服纤维迅速膨胀、伸展，然后在熨斗的压力作用下，水分迅速蒸发，衣服定形。喷水时不能太

多，而且要均匀地洒到布料上，这样熨烫出来的衣服平整度才会一致。

熨烫厚衣服的正确方法是：在衣料上垫一层湿布，平移熨斗，让熨斗里的蒸汽均匀地喷在衣服上，使衣料中的纤维迅速膨胀、疏松、伸展，然后用熨斗用力压着衣服平移，让熨斗的热量将水分从纤维内蒸发掉，使纤维定形，达到熨烫的目的。

早在17世纪的时候，欧

洲人就已经开始熨烫衣服了，不过那时用的是一块很重的“平底板”，在火中或热金属板上加热后再熨烫衣服。

蒸汽喷雾型电熨斗

1926 年，在纽约出现了第一个蒸汽熨斗。蒸汽喷雾型电熨斗既有调温功能，又能产生蒸汽，有的还装配有喷雾装置，免除了人工喷水的麻烦，并能让衣服润湿更均匀，熨烫效果更好。

在用熨斗熨衣服前，先在衣服上（　　）。

A 撒洗衣粉　B 洒水　C 撒盐

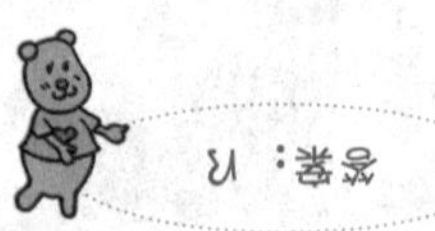

答案：B

88 冬天，为什么站着比坐着暖，坐着比躺着暖？

人是恒温的高等动物，人的体温从食物和肌肉运动而来。通过食物的氧化作用，身体就会产生热能；通过肌肉运动，体内新陈代谢加快，血液循环加速，产生的热量就会增多。所以在冬天要想暖和，必须增加活动以产生热量。站着比坐着暖，坐着比躺着暖，那是因为站着的时候，肌肉处于紧张状态。肌肉的张力是从肌肉的收缩来的，肌肉收缩就会产生热能。坐着相对于站着肌肉的紧张程度下降，所以站着比坐着暖。躺下的时候，身体处于放松状态，肌肉没有紧张的感觉，所以坐着比躺着暖。

所谓恒温动物是指那些能够调节自身体温的动物，它们的体温并不像变温动物那样依赖外界的温度。其中，鸟和哺乳动物都是恒温动物。人体出汗就是调节体温的一种方法。

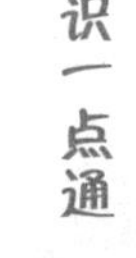

血循环

血液从心脏流出，经动脉、毛细血管，把氧、养料、激素等输送给全身各组织，并把组织中的二氧化碳等废物经静脉带回心脏，再经肺动脉带入肺内，进行气体交换后，经肺静脉流回心脏，如此循环不已，叫做血循环。

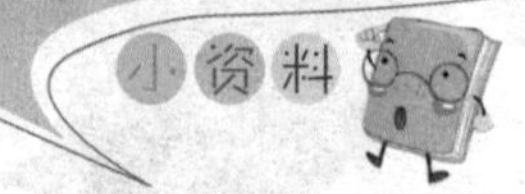

人是（　　）的高等动物。

A 变温　B 恒温　C 冷血

答案：B

89 为什么每上一节课要休息10分钟？

每上一节课要休息10分钟的作息制度是根据大脑的活动规律制定的。我们知道，学习久了，注意力就会降低，也就是说大脑的兴奋性降低，如果再继续让学生学习上课，不但不会提高学习效率，长期这样下去还会造成学生精神不够集中，学习成绩下降。如果在学习累了的时候休息10分钟，大脑得到一定的调节，疲劳状态转为兴奋状态，学生就会精神饱满，学习积极性提高，从而促进学生身体和学习的全面进步。

课间操是学校作息制度中安排的体育锻炼，是学校体育的重要组成部分。十几分钟的课间操活动，有助于消除学生在学习中产生的疲劳，

提高学习效率。学生通过课间操既锻炼了身体，又得到了积极的休息，能够愉快地、精力充沛地投入到下节课的学习之中。

眼睛看绿色为什么舒服？

在紧张的学习之后，眼睛会疲劳，如果看看窗外的绿树，眼睛就会感觉特别舒服。因为，不同的颜色会给人不同的感受，绿色能够吸收强光中的紫外线，减少耀眼的强光，所以，看看绿色对保护眼睛有很大的作用。

不管是课间 10 分钟，还是课间操，都是为了调节大脑的（　）程度。

A 兴奋　B 疲劳　C 衰弱

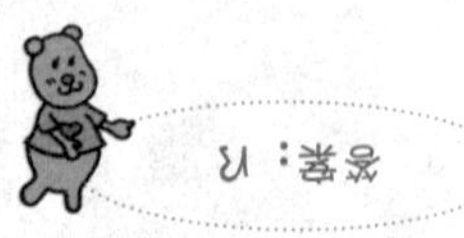

90　为什么洗冷水澡可以锻炼身体？

生活中有的人坚持一年四季洗冷水澡，这是一个很不错的习惯，可以锻炼身体。用冷水洗澡可以刺激我们的大脑中枢神经，提高大脑的兴奋性，使人精神活跃，情绪饱满，而且食欲增加；用冷水洗澡还可以锻炼人体对寒冷的抵抗能力，长期坚持，不容易患感冒、冻疮、伤寒等疾病，从而增强人的体质。

根据国外的一项研究发现，冷水澡可以令人青春常驻，原因是冷水能刺激及延长细胞的活动，令人充满活力，老而不衰。但是，体质弱的人不适宜洗冷水澡。

洗冷水澡要注意方法，首先应该从夏天开始锻炼洗冷水澡，每天早晨用冷水淋浴或擦身，以后逐渐坚持到冬天，洗

冷水澡要先用毛巾从上肢开始擦，经过胸部、腹部、背部至下肢，擦到皮肤发红为止。每次洗浴时间在 15 分钟左右为宜。

冷水脸、温水牙、热水脚

秋末冬初，用冷水洗脸，可有效改善面部的血液循环，增强皮肤弹性和机体的御寒能力，预防感冒。温水漱口刷牙，可使齿缝内的细菌和食物残渣得以清除，达到护牙洁齿的作用。用热水洗脚可以舒筋活络，消除疲劳。

洗冷水澡，每次时间在（　　）分钟为宜。

A 15　B 20　C 5

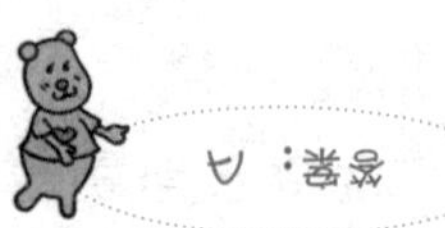

91　为什么从很高的地方往下看，会感到害怕？

站在很高的地方往下看，会感到害怕是人的一种心理活动。假如你不知道这是很高的地方，站在那里你绝对不会害怕，而当你从很高的地方往下看的时候，潜意识中你就会想到“我掉下去怎么办？掉下去岂不是要摔得很惨”，于是，强烈的心理暗示使你感到非常害怕，你明白了吗？

我们把这种现象叫做恐高症。恐高症属于恐怖症的一种，只要坚持治疗，是可以治愈的。下述四点，是治疗恐高症的 12 字原则。长时间：让

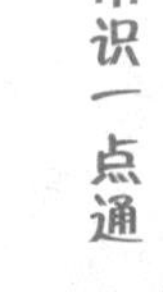

患者站在能够引起恐怖情绪的高处，至少持续 30 ～ 45 分钟。逐渐地：不要一下子给患者定很高的目标，从容易的目标开始，逐渐转向困难目标。有规律：一次练习不足以消除恐惧心理。因此每个过程都需要重复好多次，直至恐惧的感觉完全消失为止。完全地：在进行锻炼时，要求患者集中精力，不要想别的事情。

恐惧心理

恐惧心理是人在真实或想象的危险中，感受到的一种强烈的、压抑的情感状态。这个时候会表现出神经高度紧张，内心充满恐惧，注意力无法集中，大脑中一片空白，不能正确判断或控制自己的举止，变得容易冲动。

考考你

站在很高的地方往下看，会感到害怕是人的一种（　）活动。

A 生理　B 心理　C 体育

答案：B

92　你知道燕窝是什么吗？

燕窝是珍贵的佳肴，又是名贵的药材。其实，它是金丝燕的巢。金丝燕生活在温暖、湿润的亚热带海岸边及周围的海岛上。金丝燕在陡峭的岩壁上做窝，这些直径为15～20厘米大小的巢，是它们呕心沥血的结晶。

每到繁殖季节，它们就双双对对组成家庭，共筑燕窝。筑巢开始时，夫妇俩反复地飞向筑巢地的岩壁，每次接触时，都把嘴里的一些黏液吐到岩壁上去，这是一种由唾液腺所分泌的胶质黏液，遇空气会迅速干涸成丝状。它们的唾液是把海中的小鱼虾及海藻等物吞吃之后，经过大约40分钟后化成的。这些含有胶质的唾液含有多种营养成分，经过无数次的吐抹，形成了一个肘托形的巢，具有很高的强度和黏着力。其外观犹如一只白色的半透明杯子，这种用纯唾液做成的巢就是名贵的燕窝。

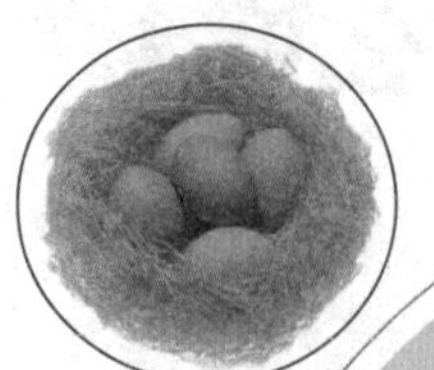

燕子为什么在屋檐下筑巢？

燕子筑巢主要是为了产卵和哺育幼鸟，而屋檐下又宽又平很符合燕子筑巢的要求。而且，在屋檐下筑巢还可以躲避猫和较大的鸟来侵袭，燕子的幼鸟可以安全地在巢里生活，直到它们长大会飞。

考考你

1. 燕窝是用金丝燕的（　）做成的巢，是名贵的药材。

A 羽毛　B 食物　C 唾液

2. 金丝燕生活在（　）的海岸边和周围的海岛上。

A 亚热带　B 温带　C 热带

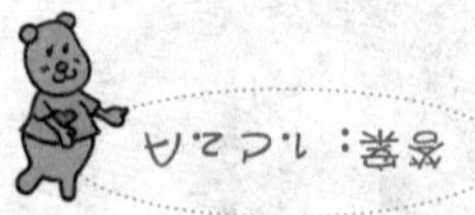

93　为什么大米多淘几次会失掉营养？

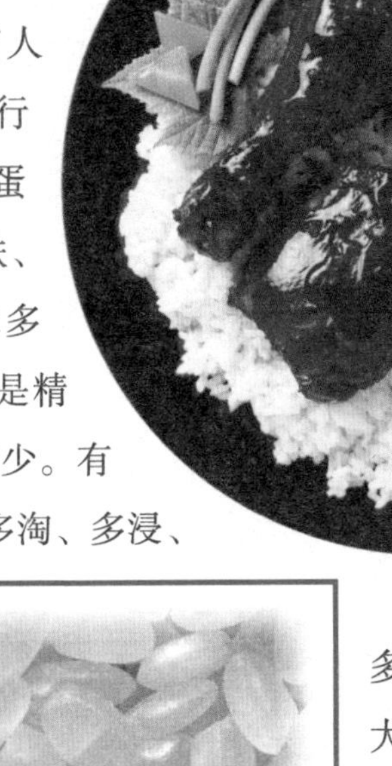

首先我们从大米的营养成分说起，大米的主要成分是淀粉，或者叫做碳水化合物，它主要储存在大米的胚芽和外皮部分，有人曾经用精白大米和米糠进行化学分析，发现米糠里的蛋白质、脂肪、磷、钙、铁、维生素 B_1，都比精白大米多得多。也就是说，米饭越是精白，其他的营养物质就越少。有些人在淘米的时候采取了多淘、多浸、多搓的方法，这样做使大量的营养物质都被冲走，我们吃到嘴里的白净米饭也就没有营养价值了。

所以，淘米的时候不能用流水和热水，也不能使劲搓或搅和大米，而且不能用水

泡米，淘的时候少用水，这样才能不让大米的营养流失。

淘米剩下的水也是宝，常用淘米水洗手，不仅能去污，而且可使皮肤滋润光滑。已生了锈的炊具，放入淘米水中浸泡 3~5 小时，取出擦干，就能将上面的锈迹除去。

杂交水稻之父

杂交水稻之父袁隆平，他经过了半生的艰苦努力，率先在全世界成功地研制出三系法和两系法杂交水稻。杂交水稻与常规水稻比较，每 1 万平方米年增产 1.6 吨。袁隆平获得了中国“特等发明奖”和 8 个国际大奖，被誉为“杂交水稻之父”。

大米的主要成分是（　　），也叫碳水化合物。

A 淀粉　B 蛋白质　C 维生素

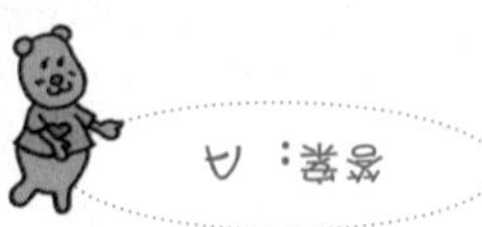

94 为什么米粥加糖变稀，加盐变稠？

我们平时喝的米粥都是香香的、黏黏的，你知道有什么方法可以将粥变稀或变稠吗？这里告诉你一个简单的方法吧，如果你觉得米粥稠，就在里面放点糖，这样就变稀了；想变稠的话，就在里面加点盐。不过，不论是糖还是盐千万不要放得太多。你知道这是什么道理吗？

大米的主要成分是淀粉，当煮成粥以后，大米中的部分淀粉细胞就会破裂，淀粉浆流了出来，米粥就显得黏糊了。但是还有一部分淀粉细胞只是吸水膨胀，却没有破裂。

糖在化学上属于非电解质，它溶解在细胞外的水里，这时米粥里的水就变成浓度较高的高渗透压溶液，使细

胞里的水向外渗出，于是米细胞就变小了，粥也就变稀了。

盐和糖在化学性质上完全相反，盐是电解质。把盐加入粥中以后，盐分子会进入细胞中，使细胞内的溶液变成高渗透压溶液，这样，细胞外的水就会向细胞里渗透，于是，粥就变稠了。

勾芡

勾芡是指菜肴将要装上盘时，将调好的湿淀粉倒入，使汤汁黏稠，菜肴表面裹上一层薄粉糊的过程。勾芡的粉浆一般由淀粉加水调成，因淀粉在高温下糊化，故粉浆具有黏性。勾芡能让菜肴更加鲜香美味。

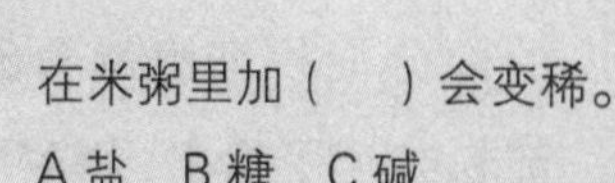

在米粥里加（　　）会变稀。

A 盐　B 糖　C 碱

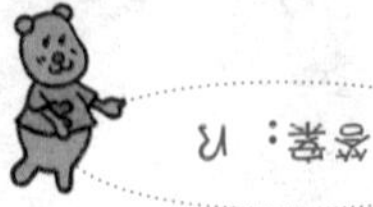

95 为什么要少吃洋快餐？

据专家介绍，中国儿童的肥胖率10年内上升了一倍，而洋快餐则是肥胖的罪魁祸首。经常食用汉堡包、炸薯条等洋快餐，容易导致孩子饮食没有规律、摄入热量过高、营养不均衡。

专家认为，可以把洋快餐粗略地分为三类。一是主餐类，包括各种方便面、汉堡包、焙烤食品（面包）、速冻食品、炸鸡块等。二是饮料类，包括汽水、可乐、果汁、速溶咖啡等。三是小吃类，如炸薯条、虾片、果仁、冰激淋及其他

油炸膨化食品。

在洋快餐中，主食以高蛋白、高脂肪、高热量为特点，而小吃和饮料则是以高糖、高盐和多味精为主。相反，人体所必需的纤维素、维生素、矿物质则很少。

这种食品的危险在于，高热量的油炸、焙烤食品脂肪含量很高。儿童长期摄入这类食物，为以后的肥胖症和心血管病埋下了隐患。

什么是肥胖？

严格地说，体重并不是测定肥胖的唯一标准。像运动员、健美者等，他们的肌肉发达，体重可能超过标准体重许多，但是体内脂肪不多，就不能被列为肥胖队伍之中。体重超过标准体重20%、体内脂肪超过全身重量的30%时，才可确诊为“肥胖症”。

考考你

1. 据专家介绍，中国儿童肥胖率在10年内上升了（　）倍。

A 一　B 二　C 三

2. 高热量的油炸、焙烤食品（　）含量很高。

A 脂肪　B 蛋白质　C 维生素

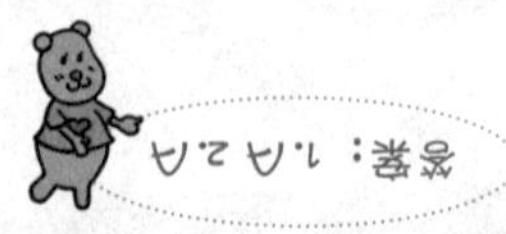

96 为什么喝白开水益处多？

其实，家中的白开水是孩子最好的饮料。白开水进入人体后可以立即发挥新陈代谢功能，调节体温，输送养分。美国科学家研究发现，煮沸后自然冷却的凉开水最容易透过细胞膜，促进新陈代谢，增进免疫功能，提高机体抗病能力。常喝白开水的人，体内脱氧酶活性高，肌肉内乳酸堆积少，不容易产生疲劳。

人体每天都会流失水分，所以我们要及时补充身体的水分，以保持体内水分的平衡，才能维持身体健康。失去10%的水分对身体有害，失去20%的水分则对生命有危险。水是最好的良药，每人每天应喝8杯水，可以预防多种疾病。

水喝得太少或不够的人除了较易

得病外，也比较容易疲倦、思维混乱，而且不容易排除身体新陈代谢的毒素。所以，千万不要小看喝水这件简单的事情。

水对人体的作用

水对人体的作用非常重要，主要有以下几方面：帮助消化食物，排泄废物，润滑关节，平衡体温，维持细胞等。如果人体经常地、持续地缺水，正常的新陈代谢就不能顺利进行，身体的功能也会逐渐衰竭。

家中的（　）是孩子最好的饮料。

A 白开水　B 汽水　C 咖啡

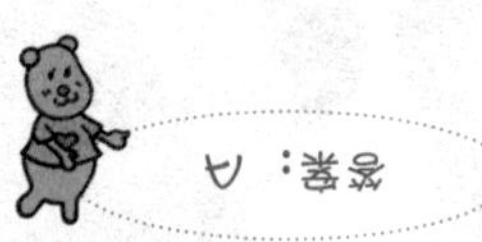

97 为什么隔夜茶不能喝？

根据茶艺指导协会研究，茶叶中含有许多蛋白质，即使用开水泡，蛋白质也不会溶解到茶水中。所以,就像鱼放久了会腐烂一样，喝剩下的茶叶放久了也会腐烂，此外，时间久了，茶的味道也会变差。因此，专家劝说大家，在泡完茶后要马上就把茶喝完为好。

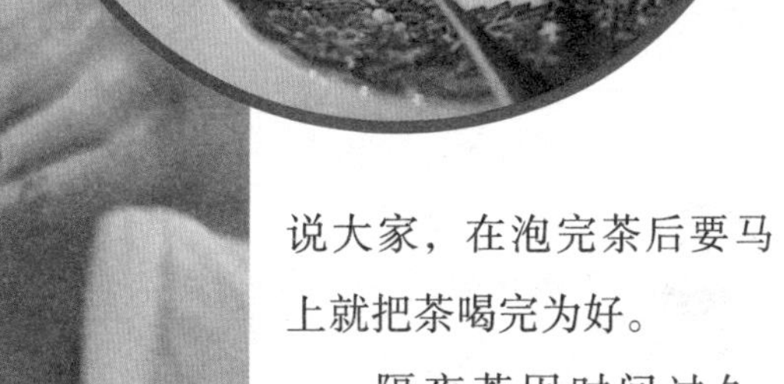

隔夜茶因时间过久，维生素大多已丧失，且茶汤中的蛋白质、糖类等会成为细菌、霉菌繁殖的养料，所以，人们通常认为隔夜茶不能喝。

其实，隔夜的茶叶虽然不能饮用，但也还有一些妙用，它富含酸类、氟类，不但可以防止毛细血管出血，还有杀菌的作用。

如果眼睛出现红血丝或者原因不明的流泪，每天用隔夜的茶洗眼睛会有很好的效果。隔夜的菊花茶对消除黑眼圈效果绝佳。

茶叶的分类

茶叶大致分为六大类：黑茶、红茶、青茶、绿茶、白茶和黄茶。青茶又叫做乌龙茶，是半发酵茶。绿茶是不发酵茶，保持了茶叶嫩叶原有的青绿色泽。黄茶是微发酵茶，白茶是轻度发酵茶，红茶是全发酵茶，黑茶是后发酵茶。

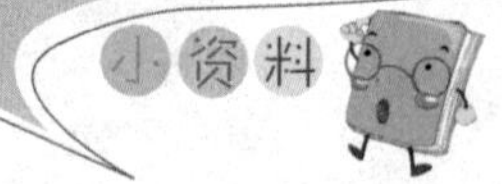

考考你

茶叶中含有许多（　　），即使用开水泡，蛋白质也不会溶解到茶水中。

A 蛋白质　B 维生素　C 氨基酸

98　为什么肚子饿了会咕咕叫？

为什么肚子会感觉到饿呢？这是神经中枢的感觉。我们每天都要吃饭，吃进的饭菜一般经 4~5 小时，就能从胃中排空。这时候，胃就会开始剧烈收缩，使人感到饥饿。

我们知道，不论什么时候，胃中总存在一定量的液体和气体。液体一般是胃黏膜分泌出来的胃消化液，量并不太多。气体呢，一般是在进食时，随着食物一起吞咽下去的。这样，胃中的液体和气体，在胃壁剧烈收缩的情况下，就会被挤捏揉压，东跑西窜，就像我们洗衣服的时候，衣服中如果包着一定量的空气，在水中一揉一搓，也会发出咕咕的声音来，这两种情况是同一个道理。

饥饿感和食欲常常同时发生。肚

子饿时就想吃东西，并且饥不择食，随便什么东西都喜欢吃。同样，饥饿感和食欲也会常常一起消失，所以，饿过头后，反而会吃不下东西，也不想吃东西了。

人倒立能吃东西吗？

通常，我们认为嘴吃进去的东西是顺着消化道从上往下走的，那么如果倒立的时候吃东西，食物会从胃里倒流出来吗？不会的。在食管和胃连接的地方有一块肌肉叫做“贲门”。吞咽东西的时候，肌肉张开，让食物进入胃里，当人不吞咽的时候，贲门是紧缩在一起的，阻止食物流出。

1. 胃中的食物排空以后，胃就开始（　）。

A 收缩　B 膨胀　C 没变化

2. 根据上文，一般饥饿感和（　）常常同时发生。

A 食欲　B 胃收缩　C 口渴

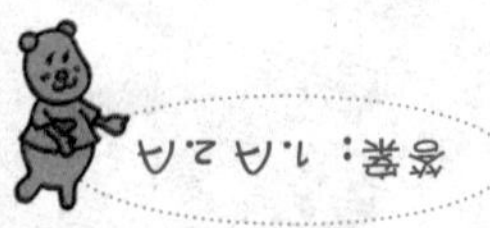

99　为什么人生气了会吃不下饭？

我们的一举一动，都受着大脑皮层的指挥。它既管我们具体的行动，也管我们的思维。人从醒来到睡着，要数它最忙了，有时候睡得不太好，它还不能休息。

可是大脑皮层尽管这样忙，却工作得井然有序。大脑皮层在处理事情的时候，只在有关的部位产生兴奋，而这一部位兴奋的时候，其他部位则会受到抑制。当我们感到饥饿的时候，大脑皮层管理吃的部位就兴奋起来，于是我们就有了食欲，想吃东西成为这时唯一的任务，其他事情都被搁起来了。可如果在这时发生了不愉快的事情，原来管吃的部位则受到抑制，于是食欲消退，饭也就吃不下去了。

其实不单是生气使人吃不下饭，只要发生的事情能引起强烈的刺激，都可以使原来管吃的皮层部位受到抑制，同样也会使人吃不下饭。

脑袋大就聪明吗？

科学家们已经进行了大量的研究，他们用动物的脑与人的脑进行了比较，又对人类进化各个阶段的古猿和类人猿进行了研究，都证明脑的重量与智力是不成比例的。人的智力随着脑的发育而发展，人到了25岁的时候，大脑发育成熟。

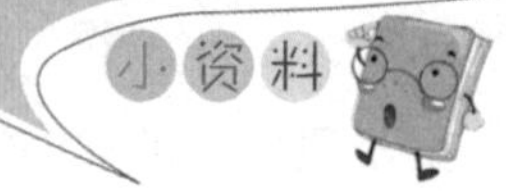

1. 我们的一举一动，都受着（　）的指挥。

A 神经中枢　B 大脑皮层　C 小脑

2. 大脑皮层既管我们具体的行动，也管我们的（　）。

A 思维　B 说话　C 走路

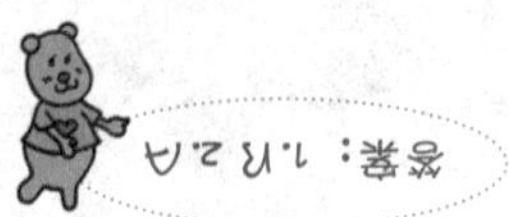

100 为什么要多吃绿色蔬菜？

据报道，目前儿童孤独症患者呈增多趋势。国外有专家发现，儿童孤独症的发生和发展与过量食用“酸性食物”密切相关。所以，儿童应该多吃绿色蔬菜和水果。

如今，家庭生活中高脂肪、高蛋白、高糖分的食物和营养品日渐增多，相当一部分独生子女，爱吃糖果和巧克力等含糖量高的零食。过多的糖类摄入后在体内易形成酸性物质，过量食用后便会呈现“酸性体质”，而“酸性食物”对儿童孤独症的发生、发展有推波助澜的作用。

儿童应多吃绿色蔬菜，如菠菜、油菜、空心菜和香菜等；多吃凉性食物，有利于排烦解暑，排毒通便，如苦瓜、丝瓜、黄瓜、菜瓜和甜瓜等；还

要多食用富含钾、钠、钙和镁等成分的杂粮和粗纤维食物；还有一些凉性水果，如西瓜、生梨等。

芹菜的医疗作用

芹菜是我们餐桌上常见的家常菜，它的营养价值很高，含有丰富的蛋白质、各种维生素和粗纤维，同时还有很高的药用价值。它具有降低血压、健胃利血等作用，而且还可以增加人的食欲，提高人的免疫力，并有减肥、抗癌的功效。

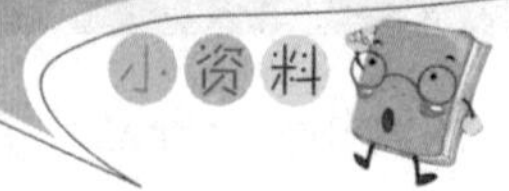

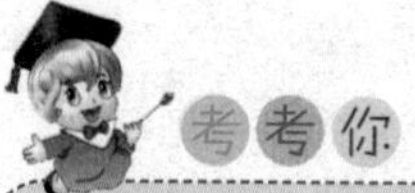

儿童应多吃（　），如菠菜、油菜、空心菜和香菜等。

A 绿色蔬菜　B 水果　C 饮料

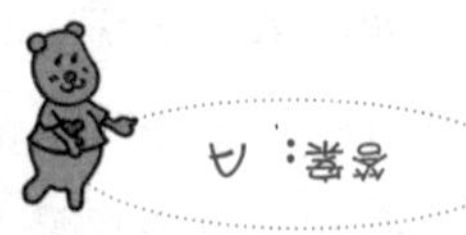

101 为什么不能吃得太咸？

食盐是一种重要的调味品，“淡而无味”的食物很难引起人们的食欲。食盐中有一种化学成分是人体必须的。体内的这种化学成分90%以上是从尿中排出的，少量从汗液中排出，所以夏天的时候，我们常会发现身上有很多白色的东西，其实那就是从体内排出的盐。

经常吃得太咸，会加重肾脏的负担，轻则导致水肿，重则会导致心肌衰弱而猝死。另外，如果从小养成“口味重”的习惯，许多孩子成年后会过早地发生肥胖症、高血压和中风。

如果饮食过咸还会导致缺钙，因为盐的成分主要为氯化钠，大量的氯化钠进入血液后，使血液中钠的浓度过高，生理机能的反应是口干。

专家提醒，作为身心都尚

未成熟的小朋友来说，不能吃太咸的东西，那样对肾脏、心脏、嗓子以及身体发育都会造成不利的影响。

工业盐

除了食盐之外，还有许多多种用途的“盐”。其中有一种叫亚硝酸钠的工业盐，它与我们食用的盐外观很相似，而且也有咸味，但是它有很强的毒性，人过量食用就会中毒。它不仅不能提供人体所需要的养分，而且还会起坏的作用。

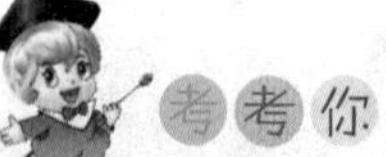

1.（　）是一种重要的调味品，“淡而无味”的食物很难引起人们的食欲。

A 食盐　B 糖　C 薄荷

2. 作为身心都尚未成熟的小朋友来说，不能吃太（　）的东西。

A 甜　B 咸　C 苦

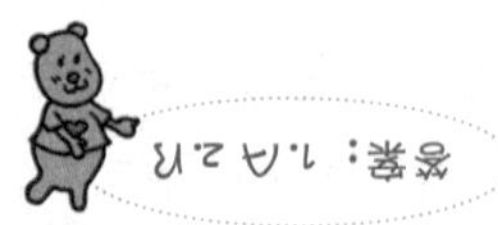

102 为什么锻炼有益健康？

锻炼的好处很多，归纳起来至少有以下三方面：

一是强身健体。锻炼能改善神经系统功能，可以消除疲劳，使头脑清醒、思维敏捷。锻炼还能改善运动系统功能，使肌肉变得发达，骨骼变得结实，关节更为灵活。

二是塑造体型美。通过坚持参加锻炼健身，可以消耗多余的热量，加快机体新陈代谢，防止脂肪过剩和肥胖症。

三是陶冶精神情操。锻炼能培养吃苦耐劳、团结互助和坚韧不拔的良好品质。

锻炼不能盲目地进行，要科学地选择锻炼内容和确定锻炼方法及合理安排运动负荷。做好准备活动，让机体内功能充分调动起来后再投入锻炼。人体机能水平的提高是一个逐步发展的过程，只有坚持不懈地科学锻炼，才能收到良好的效果。

田径运动

田径运动包括竞走、赛跑、跳跃和投掷等四十多个单项以及部分跑、跳、投项目组成的全能运动。用时间计算成绩的项目叫做“径赛”，以高度和远度来计算的项目叫“田赛”，田赛和径赛合称田径运动。

考考你

1. 锻炼能改善（　）功能，可以消除疲劳，使头脑清醒思维敏捷。

A 消化系统　B 神经系统　C 免疫系统

2. 做好（　），让机体内功能充分的调动起来后再投入锻炼。

A 准备活动　B 体育锻炼

C 科学锻炼

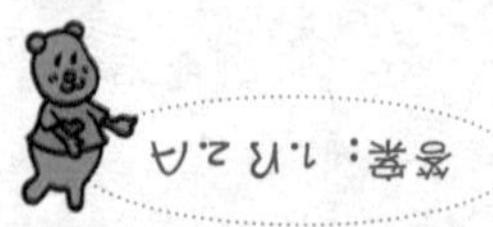

103　为什么久坐容易生病?

我们在上课或写作业时也许会几个小时不动，但是你知道吗？久坐对于身体的危害是很大的。主要有以下几种：

久坐损心：久坐不动血液循环减缓，日久就会使心脏机能衰退，引起心肌萎缩。

久坐伤肉：久坐不动，缺少运动会使肌肉松弛，弹性降低，出现下肢浮肿，疲倦乏力。

损筋伤骨：久坐颈肩腰背持续保持固定姿势，会导致颈肩腰背僵硬酸胀疼痛，或俯仰转身困难。

久坐伤胃：久坐缺乏全身运动，会使胃肠蠕动减少，消化液分泌减弱，日久会出现食欲不振、消化不良以及脘腹饱胀等症状。

伤神损脑：久坐不动，血液循环减缓，则会导致大脑供血不足，伤神损脑，精神萎靡，哈欠连天。若突然站起，还会出现头晕眼花等症状。

因此，每次坐最好不要持续超过一个小时，如需久坐也应每坐 1 小时休息 10 分钟。

座椅健身操

我们可以做一下最简单的座椅健身操：先按顺时针和逆时针方向各转头部5次，然后将头部和肩部尽量地伸展，这样几次之后，再交替地拉伸双臂，上下左右各几次，然后上身向后仰，再弯腰尽量摸地面，最后用指尖轻击头部。

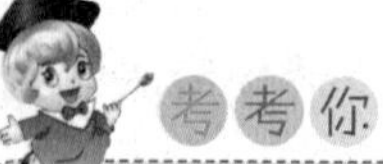

1.（　）对于身体的危害是很大的。

A 久坐　B 吃饭　C 睡觉

2. 每次坐最好不要持续超过（　）个小时。

A 一　B 二　C 三

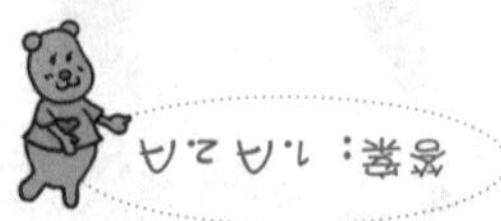

104 为什么儿童要少做倒立运动？

有些人认为，倒立可以强身健体，这种说法有一定道理。但是，儿童却不能轻易做倒立运动。这是为什么呢？

儿童正处于生长发育阶段，身体内各器官和组织尚未发育成熟，生理机能较弱，故不宜进行用力过大的、憋气的、长时间静止性的运动，不然会很快疲劳，使心脏负担过重，对骨骼生长发育很有影响。儿童颈部肌肉薄弱，四肢力量不足，一旦失去平衡的保护措施，便会引起颈部扭伤，或颈椎半脱臼。

而且，儿童做倒立运动会造成眼内压力升高，视网膜的动脉压力也会随之增高，严重的还可以导致眼睑出血。经常倒立还会损害儿童眼压的调节能力。

所以，儿童不要轻易进行倒立，如果动作不规范，没有保护措施，还有可能发生危险。

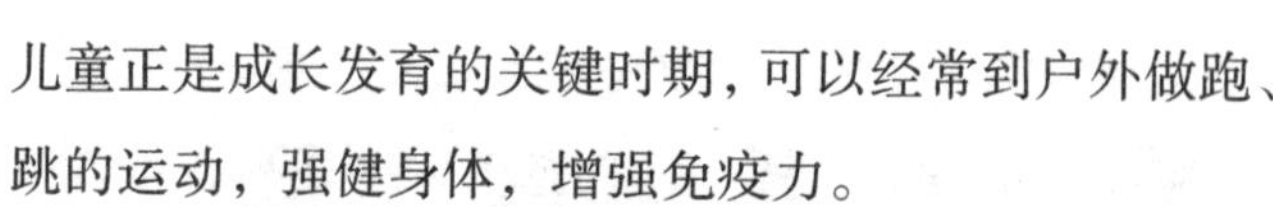

儿童正是成长发育的关键时期，可以经常到户外做跑、跳的运动，强健身体，增强免疫力。

宇航员的骨头

在太空中航行的宇航员，他们的骨头会有什么变化呢？在地球生存的人，地球的引力会对骨头产生拉力，让骨头长得更加结实。但是，在太空中旅行对人体的骨头是没有好处的，在宇宙中几乎没有引力，所以宇航员的骨头会变得比较脆弱。

儿童做（　）会造成眼内压力升高。

A 跳高　B 倒立运动　C 跑步运动

答案：B

105　为什么运动后不能马上洗澡？

剧烈运动时人的心跳会加快，肌肉、毛细血管扩张，血液流动加快，同时肌肉有节律性地收缩会挤压小静脉，促使血液很快地流回心脏。此时如果立即停下来休息，原先流进肌肉的大量血液就不能通过肌肉收缩流回心脏，容易引发头晕眼花、面色苍白等症状。剧烈运动后，要继续做一些小运动量的动作，呼吸和心跳基本正常后再停下来休息。

更重要的是，运动后不能马上洗澡。运动后人体为保持体温的恒定，皮肤表面血管扩张，毛孔张大，排汗增多，以方便散热，此时如果洗冷水澡会因突然刺激，使血管立即收缩，血液循环阻力

加大，同时机体抵抗力降低，人就容易生病。而如果洗热水澡则会继续增加皮肤内的血液流量，血液过多地流进肌肉和皮肤中，导致心脏和大脑供血不足，轻者头昏眼花，重者虚脱休克，还容易诱发其他慢性疾病，因此，运动后不能马上洗澡。

人的肌肉

人的力量来自肌肉的收缩。人体有600多块骨骼肌，其中包括3亿多根肌纤维，它们分布在身体的各处，如果同时收缩的话，力量可以达到25吨。肌肉收缩的时候，肌肉纤维由长变短，由细变粗。

（　）运动时人的心跳会加快，肌肉、毛细血管扩张，血液流动加快。

A 轻微　B 剧烈　C 不

答案：B

106 为什么登山要戴墨镜？

高山上空气稀薄，太阳光辐射的范围大，没有任何障碍。有的高山上还有常年积雪，白雪对太阳光的反射特别强。

太阳光里含有人眼看不到的紫外线和红外线，如果直接照射到人的眼睛里，能够灼伤视网膜，重者会造成眼睛失明。所以运动员攀登高山时，必须戴一副特制的墨镜，这种墨镜的镜片里，加入了能够吸收红外线和紫外线的氧化铁和氧化钴。

除了登山要戴墨镜外，一只背负舒适而耐用的背囊是必不可少的，它将盛载你的“野外之家”：一个睡袋，带给你温暖和舒适；一根直径不少于 8 毫米的尼龙绳，关键时刻能救你。山地旅行，应选用硬底皮面的高腰登山鞋，最好不要穿新鞋。穿棉质的袜子为最佳选择，野外活动袜子应多带几双备用。还有，

别忘了带上一顶有檐的遮阳帽。

进行野外的登山活动，应该做好一切必要的准备。

野外着装

野外活动的着装，应以宽松、舒适、耐磨、随意为基本原则。贴身的衣服，应选择柔软吸汗的纯棉制品，切忌化纤织物。春秋两季外穿一件纯棉或纯毛的宽松外套或一件防风衣就可以了。在高寒地区还需预备一件羽绒服。

考考你

1. 高山上空气（　），太阳光辐射的范围大。

A 稀薄　B 充足　C 不清楚

2. 运动员攀登高山时，必须戴一副特制的（　）。

A 头盔　B 帽子　C 墨镜

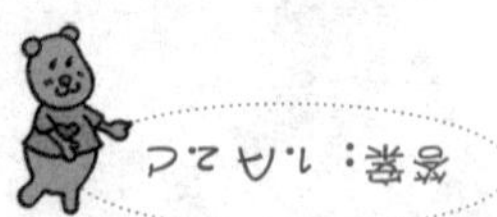

107　为什么要常做眼保健操？

眼保健操是根据中国医学的推拿、穴位按摩结合医疗体育综合而成的一种有效的自我按摩疗法。读书时间过长，头部不免前倾，低头过久后，引起眼球充血，颈部肌肉紧张。阅读时双眼内聚，瞳孔缩小，晶体向前凸出，这三种反应都是产生视疲劳的重要因素。因此，低头阅读时间过长，就会出现明显的视疲劳及头颈部不适的症状。眼保健操就是通过自我按摩眼部周围穴位和皮肤肌肉，达到刺激神经，增强眼部血液循环，松弛眼内肌肉，消除眼睛疲劳的目的。眼保健操用于学校课间，可以起到放松

肉，消除视疲劳，防治近视的作用。

做眼睛保健操的时候，要求先把两只眼睛闭起来，用轻柔的手法，推拿每一个指定的部位。平时个人做眼保健操可在读书写字一段时间后，或晚上复习功课后。

如何保护自己的眼睛？

看书学习时光线要充足舒适，不要在反光下看书。阅读时间不要太长，以每30分钟休息片刻为佳。坐姿要端正，不可弯腰驼背，以免造成近视。书与眼睛之间的距离应以30厘米为准。多做户外运动，增强体质。

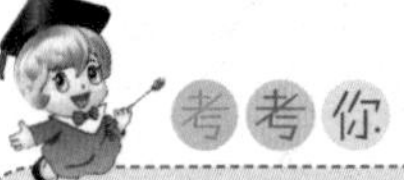

1. 阅读时双眼内聚，瞳孔缩小，晶体向前凸出，这三种（　）都是产生视疲劳的重要因素。

A 反射　B 反应　C 物质

2. 书与眼睛之间的距离应以（　）厘米为准。

A 20　B 30　C 40

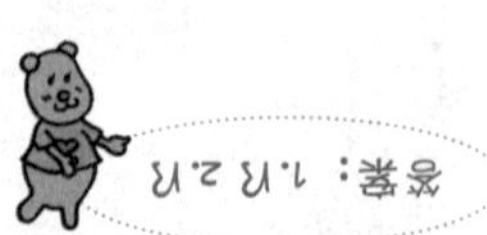

108　为什么要勤换衣服勤洗澡？

勤换衣服勤洗澡，讲究卫生身体好。长期不换洗衣服，衣服上就会衍生细菌，再加上不洗澡，细菌在温暖潮湿的环境下繁殖很快。长期下去，小朋友会感觉皮肤瘙痒，引发皮炎，危害身体健康。

勤换衣服勤洗澡有两大好处，一是保持良好的精神风貌，二是可使一些疾病远离我们。

小朋友们应该树立“爱清洁、讲卫生”的好习惯，不仅要搞好自己的卫生，勤换衣服勤洗澡，勤剪指甲常理发，做一个干净的孩子，还要爱护我们周围的环境，不乱扔纸屑，积极打扫卫生，让我们生活和学习的环境时刻保持干净整洁。

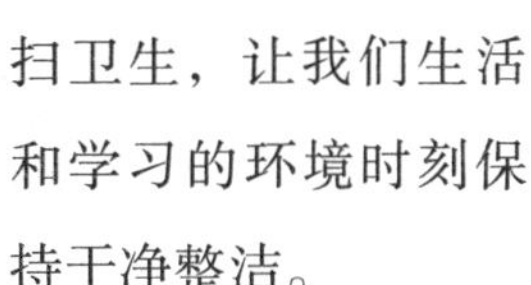

肮脏的环境是滋生细菌的主要场所，细菌又是产生疾病的源头，如果生活在脏、乱、差的环境中就会

很容易生病。儿童的体质较弱，是容易被病菌侵害的对象。

小朋友，你知道讲卫生的重要性了吗？那么，赶快行动吧！

牙膏的清洁作用

刷牙是清洁牙齿，去除牙菌斑和细菌的最好方法。但是刷牙都要用牙膏，这是为什么呢？牙膏是口腔的清洁剂，牙膏主要是由摩擦剂、洁净剂、胶粘剂和芳香剂等组成的。如果加入中草药，还有预防牙周疾病的作用。

勤换（　）勤洗澡，讲究卫生身体好。

A 衣服　B 书包　C 帽子

答案：A